"El Tequila es una expresión exquisita de la cultura de México"
テキーラはメキシコ文化の究極の表現である

"El Tequila es una expresión exquisita de la cultura de México."
テキーラはメキシコ文化の究極の表現である

プレミアムテキーラ　マルコ・ドミンゲス/著

駒草出版

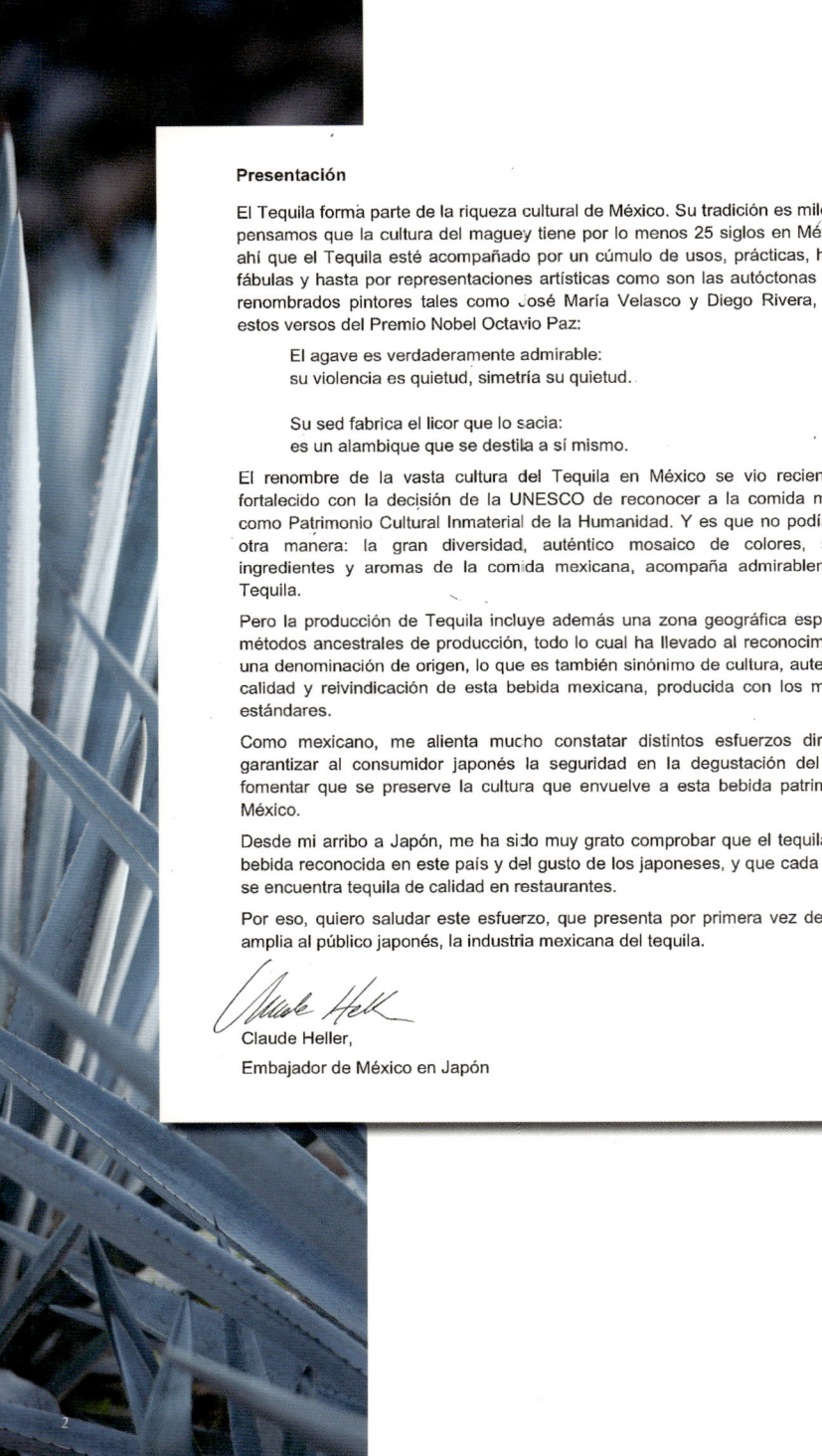

Presentación

El Tequila forma parte de la riqueza cultural de México. Su tradición es milenaria si pensamos que la cultura del maguey tiene por lo menos 25 siglos en México. De ahí que el Tequila esté acompañado por un cúmulo de usos, prácticas, historias, fábulas y hasta por representaciones artísticas como son las autóctonas y las de renombrados pintores tales como José María Velasco y Diego Rivera, o como estos versos del Premio Nobel Octavio Paz:

> El agave es verdaderamente admirable:
> su violencia es quietud, simetría su quietud.
>
> Su sed fabrica el licor que lo sacia:
> es un alambique que se destila a sí mismo.

El renombre de la vasta cultura del Tequila en México se vio recientemente fortalecido con la decisión de la UNESCO de reconocer a la comida mexicana como Patrimonio Cultural Inmaterial de la Humanidad. Y es que no podía ser de otra manera: la gran diversidad, auténtico mosaico de colores, sabores, ingredientes y aromas de la comida mexicana, acompaña admirablemente al Tequila.

Pero la producción de Tequila incluye además una zona geográfica específica y métodos ancestrales de producción, todo lo cual ha llevado al reconocimiento de una denominación de origen, lo que es también sinónimo de cultura, autenticidad, calidad y reivindicación de esta bebida mexicana, producida con los más altos estándares.

Como mexicano, me alienta mucho constatar distintos esfuerzos dirigidos a garantizar al consumidor japonés la seguridad en la degustación del tequila y fomentar que se preserve la cultura que envuelve a esta bebida patrimonio de México.

Desde mi arribo a Japón, me ha sido muy grato comprobar que el tequila es una bebida reconocida en este país y del gusto de los japoneses, y que cada vez más se encuentra tequila de calidad en restaurantes.

Por eso, quiero saludar este esfuerzo, que presenta por primera vez de manera amplia al público japonés, la industria mexicana del tequila.

Claude Heller,
Embajador de México en Japón

プレゼンテーション

テキーラは、豊饒なメキシコ文化の一部です。メキシコではマゲイ（アガベ：リュウゼツラン）の文化が少なくとも25世紀（2500年）にわたって育まれてきたことを踏まえると、テキーラの伝統は千年以上の歴史を持つと思われます。それゆえに、テキーラの利用や効用にまつわる逸話や寓話は数多く、先住民の描いた図柄からホセ・マリア・ベラスコやディエゴ・リベラなどの絵画にまで、さらには、ノーベル文学賞の栄誉に輝くオクタビオ・パスの詩にも登場します。

　　　アガベは正しく驚嘆に値する：
　　　その激しさは静けさであり、その静けさはシンメトリー

　　　その喉の渇きがそれを潤すリキュールを産む：
　　　そして、自らを蒸溜するランビキである。

テキーラの広大な文化は、メキシコ料理がユネスコの世界無形文化遺産に登録されたことで、近年その力を増しました。メキシコ料理の色彩と風味、食材と香りの真正なるモザイクがつくり出す、優れた多様な世界は、素晴らしいテキーラの同伴があってこそ完成します。

また、テキーラの生産は、地理的な地域が限定されており、先祖伝来の方法が踏襲されていることから、原産地名称の使用が承認されるに至りました。それは、最高の品質基準の下で製造されるこのメキシコの飲物の持つ固有文化、品質へのこだわりへの評価でもあります。

さらに、我が国の貴重な財産であるテキーラの試飲会を通じて、日本の消費者の皆様に本物の味を提供するための努力が注がれていることに、メキシコ人として大きな励ましを覚えます。

日本へ赴任して以来、テキーラが日本人の嗜好に合うものであり、レストランや店舗に並ぶ高品質のテキーラが増えつつある状況を大変喜ばしく思っています。

そうした意味合いからも、メキシコの誇るテキーラ産業とその背景にある文化を日本の方々に初めて紹介する本書の刊行に祝意を表します。

クロド・ヘレル
駐日メキシコ大使
2012年8月

訳：三好　勝　翻訳官（メキシコ大使館）

Quiero felicitar a nuestro amigo Marco Domínguez, por la excelente labor que está realizando en Japón, ya que se encuentra realizando una noble labor al estar difundiendo la cultura del Tequila en tierras tan lejanas de México. Sin duda alguna, la realización de este libro, abonará enormemente en la mayor difusión de la primera Denominación de Origen Mexicana, como lo es la Denominación de Origen Tequila. Describiendo a detalle el proceso de elaboración, la zona geográfica donde se elabora, así como hablar de la historia y cultura del Tequila; guiará al lector japonés a descubrir los orígenes de esta noble bebida y su evolución como industria mexicana.

Este libro será una herramienta más para difundir las actividades y el rol que juega el CRT, en la protección y difusión de la Denominación de Origen Tequila. Además, aportará valiosa información estadística para la gente interesada en conocer información más específica sobre el tequila, y las marcas certificadas para su comercialización.

Marco se ha convertido en un valioso promotor y gran Embajador de nuestra bebida en un hermoso país como lo es Japón. Sin duda alguna que ayuda estrechar los lazos de relación y de intercambio cultural entre nuestros países. Por lo anterior, no me queda más que felicitar a nuestro incansable amigo, por el gran desempeño que está realizando al elaborar un libro que presente a nuestros hermanos japoneses uno de nuestros mayores iconos a nivel mundial, Tequila, un regalo de México para el mundo.

Milton Iván Alatorre Serna
Representante del CRT en Asia

メキシコから遠く離れた日本で、テキーラの文化の普及に尽力されている我々の友人であるマルコ・ドミンゲス氏に敬意を表明いたします。本書の刊行が、メキシコ産品の原産地呼称の皮切りとなったテキーラのさらなる普及に必ずや貢献することでしょう。

本書は、テキーラの製造工程、生産地区を詳しく記述しているのに加えて、その歴史や文化にも言及しています。したがって、日本の読者の皆様に、この高貴なお酒の起源やメキシコの産業としての進展の特徴について知っていただくことができるのです。

同時に、テキーラの原産地呼称の下での保護と普及におけるテキーラ規制委員会（CRT）の活動と役割を世に伝える上でも一役買ってくれるに加えて、テキーラのよりいっそう具体的なテーマや流通が許可されている認定ブランドについても詳細な情報を提供しています。

マルコさんは、美しい国である日本で、我が国を代表するお酒の文化の普及と促進を担当する素晴らしい大使になられたのです。これにより、日墨両国の友好関係および文化交流のさらなる緊密化に必ずやつながることでしょう。最後になりますが、メキシコが世界に贈る我が国の世界水準にあるシンボルのひとつであるテキーラを日本の諸兄に紹介すべく日夜尽力してきた友人の偉業をあらためて称えたいと思います。

ミルトン・イバン・アラトーレ・セルナ
アジアCRT代表
2012年8月

東京で2回目に行われたT-アワードセミナー参加者と（2011年11月）

Introduction

2009年の2月のこと、今の私のビジネスパートナーと、新橋にある「ドン・ブランコ」というメキシコレストランで食事をしていた。このお店が持っている珍しいテキーラを飲みながら、日本ではあまりいいテキーラが見られないと語りあっていた。テキーラを飲みながらカッコつけていた部分も多少あったが、確かに当時プレミアムテキーラの話を日本国内で聞くことはほとんどなかった。

一方、ドン・ブランコのオーナーはわざわざメキシコまで行って、なんと独自のテキーラブランドまで開発しているという。ここまでやっている人はなかなかいない。感心していると、ビジネスパートナーが私に、「あなたはメキシコ人だから、メキシコのメーカーと話をつけて、テキーラを輸入してみればいいんじゃないか！」私はソフトウエアの会社を設立した経験を、あなたに伝授してあげる。協力するよ！」と言った。

2人とも半分酔っ払っていたが、次の日起きて真っ先に思い出したのは、彼の言った言葉だった。そして彼に電話して「昨日言ったこと覚えている？ 本気でテキーラの輸入を手伝ってくれるの？」と聞いたところ、彼は微妙な声で「……いいば～」と答えたのだった。

それから、3月にはさっそくいろいろ準備をしはじめて、4月にメキシコへ行き、グアダラハラ市の商工会議所およびテキーラ商工会議所の施設を借りて、2日間で28社のテキーラメーカーとワンオンワンミーティングを行った。この2日間に、多くのメーカーに日本の市場の可能性を紹介しながら「デ・アガベ・プレミアムテキーラ＆メスカル（De Agave - Premium Tequila & Mezcal）プロジェクト」の魅力を訴えた。その結果、5社のメーカーと契約が成立した。

日本に帰ってきてから会社設立の手続きをはじめて、2009年6月5日にDe Agave株式会社を設立した。その後、8月に酒類販売免許を取得し、9月のフィエスタ・メヒカーナで市場にデビューした。このときは、同じ業界の先輩である株式会社グローバル・コメルシオのサポートを得て、より豊富な品揃えで出展することができた。

また、2010年2月に酒類販売の卸免許を取得し、3月の国際食品・飲料展「FOODEX 2010」に参加、さらに取り扱いブランドを増やした。設立当時から150回以上のプレミアムテキーラセミナーやイベントを開催してきたが、おかげ

さまで、徐々にアガベ100%テキーラの素晴らしさが市場に伝わってきたように思う。

　もともと大学を卒業してから10年間を半導体業界やその他いくつかの企業に勤めたが、その中で重要な3つのことを学ぶことができた。ひとつは輸入および輸出に関すること、もうひとつは自分が見本となって示すこと。特に営業に関してだ。最後は、必ず成功するために、自分の勘を信じること。このことを活かして、誇りを持って、どんどん私の大好きなメキシコとメキシコの代表的な飲み物をおおいに自慢しながら、日本全国にテキーラの奥深さを広めていきたい。そして、大学時代に国費留学生としてお世話になった日本とメキシコという国々に恩返ししたいと思う。

　メキシコと日本は、400年以上の友好関係を持ち、お互いに学びあってきたことが数多くある。日本に永住しているメキシコ人として、飲食文化を通して、日墨（メキシコは漢字で書くと墨西哥）の太陽たちが近づくことを願い、友好関係に役立ちたいと思っている。

　この本を通じて、少しでもこの希望を実現できれば、幸いである。

　　　　　　　　　　　　　　　　　マルコ・ドミンゲス　2012年8月

Marco Dominguez.

PREMIUM TEQUILA CONTENTS

本書の刊行に寄せて
　駐日メキシコ大使 クロド・ヘレル氏
　アジアCRT代表 ミルトン・イバン・アラトーレ・セルナ氏 ------------ 2

Introduction -- 6

I. プレミアムテキーラを知る ---------------------------------- 11
　1. テキーラの歴史 --- 12
　2. テキーラの分類 --- 18
　3. テキーラの生産地域 -- 20
　4. 正規輸入されているプレミアムテキーラのブランド -------- 22

　テキーラ地区 -- 24
　　1800／アスコナ・アスル
　　アギラ・アステカ／アラクラン
　　アマテ／オレンダイン・オリータス／ラ・コフラディア

　アマティタン地区 --- 38
　　アファマド／エヒダール／トレス・ムヘレス
　　エラドゥーラ／エル・ジマドール／エラドゥーラ蒸溜所
　　エル・フォゴネロ／ラ・クアルタ・ヘネラシオン
　　ビジャ・テコアネ／ラス・フンタス蒸溜所
　　アマネセル・ランチェーロ／デル・ムセオ

ドン・フェルナンド／ドン・フェルナンド　ノックアウト TKO オリジナル

　　　ドン・フェルナンド　ブルーラベル／バランカ・デ・アマティタン蒸溜所

　　　アモルシート／ミ・ティエラ

エル・アレナル地区 -- 70

　　　クアトロ・コパス

サポパン地区 -- 72

　　　チャムコス

グアダラハラ地区 -- 74

　　　エレンシア・デ・プラタ／エレンシア・イストリコ"27 デ マヨ"

　　　レセルバ・デル・セニョール

テパティトラン地区 -- 78

　　　AGV400

アランダス地区 -- 80

　　　エル・テソロ／エル・テソロ　パラディゾ／エル・テソロ 70 周年

　　　タパティオ／スーパー・ティー

　　　ラ・カバ・デル・マヨラル／グラン・ドベホ

　　　プエブリート

　　　アハ・トロ／チリ・カリエンテ

アトトニルコ地区 -- 98

　　　ドン・フリオ／ドン・フリオ 1942

　　　ドン・フリオ　レアル／エンバハドール

　　　パトロン／グランパトロン　プラチナ／カサドレス

アヨトラン地区 -- 108

　　　ランチョ・ラ・ホヤ

II. テキーラとは何か -- 111

1. テキーラの製造工程 -- 112

　　　栽培／収穫／調理／搾汁／発酵／蒸溜／熟成／瓶詰め／ラベル貼付

2. 原産地呼称 -- 124

3. テキーラの関連団体 ———————————————— 128
　　　　テキーラ規制委員会(CRT)／全国テキーラ産業会議所(CNIT)／
　　　　日本テキーラ協会
　　4. 海外で瓶詰めされるテキーラ ———————————— 132
　　5. テキーラの製造および輸出動向 ———————————— 134

Ⅲ. テキーラと伝統 ———————————————————— 137
　　1. 伝統的なアガベの飲み物 ——————————————— 138
　　2. ラ・カタ―テキーラの正しいテイスティング法 ————— 142
　　3. アステカ ———————————————————————— 148
　　4. チャレリア ——————————————————————— 152
　　5. マリアッチ ——————————————————————— 158

Ⅳ. テキーラを使ったカクテルと料理 ——————————— 161
　　1. ストレートで味わうテキーラと定番のカクテル ———— 162
　　2. テキーラを使ったメキシコ料理とデザート —————— 172

Ⅴ. プレミアムテキーラが飲めるお店 ——————————— 179

Ⅵ. 正規輸入会社とメキシコ国内瓶詰めブランド ————— 187
　　1. プレミアムテキーラ正規輸入会社一覧 ———————— 188
　　2. テキーラ規制委員会(CRT)公認メキシコ国内瓶詰めブランド一覧 — 192

コラム
　　キオテ ———————— 41／テキーラ・エクスプレス ———— 110
　　世界遺産 エル・パイサヘ・アガベロ ————————————— 178
用語集 ——————————————————————————————— 186
ブランドインデックス／参考文献・ホームページ ————————— 232
協力者一覧 ———————————————————————————— 234

PREMIUM TEQUILA

プレミアムテキーラを知る I

1 テキーラの歴史
CHAPTER1-1: History of tequila

テキーラは誤解されている？

　初めて会った人にはたいてい、「どこの国からきたのか」と聞かれるが、メキシコと答えるとほとんどの人から「そうか、テキーラの国だ！」と言われる。そして、そのあとには必ずと言っていいほど「虫が入っているよね」と続くのだ。半分笑いながら説明するが、実は、これは大誤解である。テキーラには、虫も何も入っていない。また、原材料についても「サボテンからつくるんでしょう」と聞かれるが、これもまた誤解、サボテンからテキーラはつくれない。

　3つめの誤解は、ものすごく強い酒であるということ。アルコール度数は70％近くあると思っている人もいるようだが、そんなに高くなく、ブランデーやウイスキーと変わらない40％前後がほとんどだ。

　さらに悪酔いや二日酔いになりやすいと言われているが、ハードリカーの中でも、おそらく一番体に受け入れやすい酒だと私は思っている。その証拠として、ビールもワインも含めてほかの酒がまったく飲めなかった人で、テキーラなら飲める、テキーラしか飲めないという人も少なくないのだ。

　最後の大きな勘違いは、一気飲みをするものだと思われていることだ。むしろテキーラは、ゆっくり味わう酒であることをご理解いただきたい。

　今日一般に知られているテキーラ（Tequila）は、メキシコの限定された地域でつくられているメスカル（Mezcal）という酒のひとつである。学名「アガベ・テキラナ・ウェーバー　ブルー品種（Agave Tequilana Weber Blue Var）」、または簡潔に

PREMIUM TEQUILA

ロスアルトス地方のアガベ畑

「ブルーアガベ」と呼ばれる、リュウゼツランの中のたった一種類が原材料となる。アガベとはスペイン語でリュウゼツランのことだ。

　世界には、約200種類のアガベがあり、メキシコにはそのうち約150種類のアガベが存在する。それらのアガベから、地域によりさまざまな種類の発酵酒や蒸留酒がつくられている。これらの酒は、メスカルという総称に生産地の名称を付けて呼ばれている。

　例を挙げれば、オアハカのメスカルという意味のメスカル・デ・オアハカ（Mezcal de Oaxaca）、メスカル・デ・コティハ（Cotija）、メスカル・デ・キトゥパン（Quitupan）、メスカル・デ・トナヤ（Tonaya）、メスカル・デ・トゥスカクエスコ（Tuxcacuesco）、メスカル・デ・アカプルコ（Acapulco）などである。しかしながら、最も有名なメスカルは「メスカル・デ・テキーラ」であることは、間違いないだろう。

　さて、確かにメキシコには虫の入っている酒があるが、これはテキーラではなく、メスカルである。

プルケの誕生と神話

　どちらも、もとはプルケ（Pulque）という酒からきている。メキシコで一番古い酒のひとつであるプルケはもともとアガベを発酵させた醸造酒だが、蒸溜することによってメスカルが生まれた。

I プレミアムテキーラを知る

メキシコの代表的な飲み物であるプルケ、メスカルとテキーラは、マヤウエル（Mayahuel）という美しい女神と奥深い関係がある。マヤウエルは、リュウゼツランの神様、そして豊作および肥沃の神様である。アガベは、繊維、甘い汁、着火材など利用できる部分が多かったため、神からの贈り物だとされていた。

伝説によると、数世紀も前、ハリスコ州の先住民たちがアガベ畑で嵐に襲われ、激しい風雨から逃れて洞窟に逃げ込んだという。稲妻が畑の中心に落ち、アガベが燃え上がっていった。ようやく嵐が収まったころ、先住民たちは風によって運ばれてきた芳香に気がついた。ひとりが燃えたアガベをひとかけら拾って味わってみると、甘い味がした。アガベに含まれるでんぷん質に自然に熱が通り、ハチミツに似た物質が生まれたのである。次々に仲間たちの手に渡され、彼らはアガベという植物の価値を発見した。

その後、別の先住民は燃えたアガベを搾って得た甘い汁のことを数日の間忘れてしまい、小屋に戻ってきたときに、周囲に今までとは違う香りが漂っていることに気付いた。液汁を見ると、細かい泡の白く厚い層ができていた。泡の中から液体を取り出して飲んでみると、コクのある独特な味がした。その味が気に入った先住民は、自家用につくるようになったのだとされている。

アガベの酒を飲んだ先住民たちは、自分の性格が突然変わってしまったような感覚を覚えて、これはマヤウエルからの贈り物だと解釈した。なぜならマヤウエルは、"酒豪の400神"として知られるセンツォン・トトチティン（Centzon Totochtin）と呼ばれる400羽のウサギの母親であり、400の乳房でセンツォン・トトチティンに乳を与える、多産のシンボルの女神だからだ。400の乳房とはアガ

べの葉を表している。

　のちにこの酒は、祭祀が営まれるとき、先住民の中でも権力者や神官だけによって飲まれるようになった。その時代、この酒は加熱したアガベから搾り出した液汁が発酵したものに過ぎなかった。見た目は乳白色で、アルコール度数は相対的に低かったであろう。これがメキシコでプルケとして知られているものだ。

スペイン人が持ち込んだ蒸溜技術

　テキーラの製造には、アガベのピニャ（Piña）と呼ばれる茎中心部を使う。ピニャを得るために、アガベの尖った葉っぱを切り落として丸く切り出す。そして、蒸したピニャの搾り汁を発酵させたものを2回蒸溜するとテキーラになる。

　この蒸溜技術は、16世紀にメキシコに来たスペイン人により導入された。

　スペイン人は蒸溜によって、プルケを精製してより強い酒をつくろうとした。その結果、別名メスカルワイン（スペイン語ではVino Mezcal）、またはアグワルディエンテ（Aguardiente）と呼ばれるものをつくり出した。ここでこの名前にご注意いただきたい。"Agua"は水を、"ardiente"は焼けるように熱いという意味であり、おそらくはプルケと比べて高いアルコール度数であったことに由来すると思われる。

　メスカルとは、アステカ民族のナワトル語（Nahuatl）で「月の館」を意味する言葉であり、核心、本質、中心を指す。ヨーロッパに発する技術を使って、メキシコの古くからある飲料を加工するメスカルは、2つの世界の出会いの所産なのである。

　のちに、スペイン人はアガベの生産を奨励

I プレミアムテキーラを知る

テキーラ火山が見える（上）、アマティタン近くの町並み（下）、（右）エラドゥーラ蒸溜所の古い施設

し、メキシコの象徴的なアルコール飲料開発の基礎を築いたわけである。

諸説あるが、スペイン人がプルケを蒸溜しはじめた理由のひとつは、海外から仕入れていたブランデーを入手できなくなった時期からだと言われている。そして、テキーラ村のメスカルワイン（Vino Mezcal de Tequila）がつくられるようになった後、植民地政府はスペインのアルコール飲料と競合する可能性をおそれ、製造を禁止した時期があった。しかしメスカルワインは秘密でつくられ続け、生産量は無視できる量ではなかったようだ。

メスカルワインの生産が重要な量に達するにつれ、かつ政府が緊急に資金を必要としたために、課税対象になるのを条件として、17世紀にメスカルワインの生産は合法化された。

スペイン植民地時代、メキシコのナヤリ州（Nayarit）にサン・ブラス（San Blas）という港がつくられた。特に、18世紀の半ばごろはスペイン人向けの多くの品物がこの港から運ばれてきていた。サン・ブラス港からテキーラ村へとつながる道路沿いではメスカルワインがよくつくられていて、そのうち、メスカル・デ・テキーラが輸出されるようになり、ハリスコ州の最初に輸出された商品となった。

1821年のメキシコ独立運動のため、スペインから酒の輸入が難しくなったことが、テキーラの生産量が増えていくきっかけとなった。

こうしてテキーラがグアダラハラだけでなく、メキシコシティーにも広がるようになり、最終的にメキシコの多くの土地でつくられるようになったのである。

PREMIUM TEQUILA

CHAPTER1-2: The classification of tequila

2 テキーラの分類

テキーラは、原料によって2つに分類できる。さらに、熟成させたかどうか、また熟成期間の長さによって5つの種類に分けることができる。

原料による分類

　テキーラの分類の主なポイントは、アガベ100%でできているか、アガベ以外にほかの糖類が使われているかを区別することだ。

　ピュアテキーラ、つまりアガベ100%でできているテキーラは「アガベ100%テキーラ」、「100%テキーラ」と呼ばれている。日本では「プレミアムテキーラ」という呼び方でも知られているものだ。

　もうひとつの分類は、「ミクストテキーラ（Tequila Mixto）」として知られているものだが、公式には単純に「テキーラ」と呼ばれている。ミクストテキーラは、アガベの糖分を51%以上含み、ほかの種類の糖分は49%以下でなければならない。アガベ以外に一般に使われている材料には、サトウキビやピロンシージョというやはりサトウキビの汁からつくられる粗糖で、これはメキシコ料理で一般的に使われている。またほかにブドウ糖や果糖類がある。

アガベ100%テキーラ	ミクストテキーラ
原料のアガベ100%でできたテキーラ	アガベ51%以上、サトウキビや他の糖分が49%以下

　両者を区別するために、ピュアテキーラには「アガベ100%」と表示したラベルが貼付してあり、ミクストの方は単に「テキーラ」とだけ記されている。なお、「ブルーアガベからつくられている」と故意に表示するメーカーもあるが、「ブルーアガベ100%」と記されていない限り、アガベ100%テキーラではない。

　重要なポイントは、全てのテキーラは、公式に選定された「アガベ・テキラナ・

ウェーバー　ブルー品種」（略称ブルーアガベ）という種類のアガベから製造されていることだ。つまり、その他のアガベを使ってもメスカルをつくることはできるが、テキーラとして認められない。

　アガベ100%テキーラはアガベの風味が強く、その香りはミクストテキーラとはかなり違う。サトウキビがラムの主原料であるため、ミクストの甘くてマイルドな味を好む人たちもいる。しかし、アガベ100%テキーラの方が、量を過ごしても二日酔いや頭痛になりにくいと力説するメーカーもある。ちなみに、"Vive la fiesta sin consecuencias（後悔しないパーティーの楽しみ）"というのがエル・フォゴネロというブランドのモットーだ。

　1990年代末にアガベ生産に危機が訪れ、アガベ100%テキーラの価格はミクストテキーラに比べてかなり上昇した。この傾向は今なお世界的に続いているが、メキシコでは、良質のアガベ100%テキーラをリーズナブルな価格で手に入れることができるし、ミクストよりも安い場合さえあるのだ。

　テキーラ規制委員会（CRT）のデータによると、2007年からアガベ100%テキーラの製造量はミクストを上回っている。（134ページ参照）

熟成期間による分類

　熟成期間によってテキーラは5つの種類に分けられる。熟成はアメリカンホワイトオークまたはフレンチホワイトオークの樽で行うのが一般的である。樽は新品でもバーボンなどに使用された中古でもよいが、600リットル以下の容量でなければならない。

種類	**Blanco** [ブランコ] ホワイトまたは シルバー、プラタとも呼ばれる	**Joven / Oro** [ホベン]または[オロ] ヤングまたは ゴールドとも呼ばれる	**Reposado** [レポサド]	**Añejo** [アニェホ]	**Extra Añejo** [エクストラ・アニェホ]
熟成期間	熟成していない、ほぼ蒸溜直後に均質化して瓶詰めしたもの。または60日以内、樽やステンレスタンクで安定させたもの	ブランコとレポサドかアニェホを混ぜたもの	60日以上 1年未満	1年以上 3年未満	3年以上
色	透明な プラチナ色	琥珀色	琥珀色	赤みがかった ゴールド系琥珀色	深みのあるゴールドで、オレンジと琥珀色のハイライトがあるコパー（銅）系琥珀色に近い色

I プレミアムテキーラを知る

3 テキーラの生産地域

CHAPTER1-3: Production areas of tequila

テキーラの原産地については、ほとんどの場合「バジェ」か「ロスアルトス」という地域をよく耳にするはずだ。これらは、ハリスコ州にある主な生産地のことだが、所在地や土地の特徴が明確に違うため、これを利用して、テキーラの特徴も説明しやすいからである。

当該地域は5州181市町村から成る

州名	市町村名
ハリスコ	全125市町村
ナヤリ	アウアカトラン／アマトラン・デ・カニャス／イストラン・デル・リオ／ハラ／ハリスコ／サン・ペドロ・ラグニジャス／サンタ・マリア・デル・オロ／テピックの8市町村
グアナファト	アバソロ／シウダ・マヌエル・ドブラド／クエラマロ／ウアニマロ／ペンハモ／プリシマ・デル・リンコン／ロミタの7市町村
ミチョアカン	ブリセニャス・デ・マタモロス／チャビンダ／チルチョタ／チュリンツィオ／コティハ／エクアンドゥレオ／ハコナ／ヒキルパン／マラバティオ／マルコス・カステジャノス／ヌエボ・パランガリクティロ／ヌマラン／パハクアラン／ペリバン／ラ・ピエダ／レグレス／ロス・レイエス／サウアヨ／タンシタロ／タンガマンダピオ／タンガンシクアロ／タヌアト／ティングィンディン／トクンボ／ベヌスティアノ・カランサ／ビジャ・マル／ビスタ・エルモサ／ユレクアロ／サモラ／シナパロの30市町村
タマウリパス	アルダマ／アルタミラ／アンティグオ・モレロス／ゴメス・ファリアス／ゴンサレス／ジェラ／マンテ／ヌエボ・モレロス／オカンポ／トゥラ／シコテンカトルの11市町村

バジェ [El Valle de Tequila]

この言葉は山の間の谷のことを表していて、グアダラハラ市の北西の方向にある。特徴としては、土が比較的乾燥していて、色はねずみ色系であることだ。砂より粒子の細かいシルト質土の土地で、ところによって砂質土が多い。テキーラ、アマティタン、テウチトランとエル・アレナルなどの生産地が有名である。

ロスアルトス [Los Altos]

グアダラハラ市より北東の方向にある。高度はバジェより高く、土が十分に水分とミネラルを含んでいるため、濃い赤色をしている。アトトニルコ、アヨトランとアランダスなどの有名な生産地がここにある。

PREMIUM TEQUILA

　バジェのアガベは、ロスアルトスのものより小さく、比較的辛口のテキーラができる。一方、ロスアルトスのピニャは大きく、水分もたくさん含んでいて、かなり甘みのあるテキーラになるのが特徴だ。

　地図を見ると分かりやすいが、バジェからスタートすると、一旦南東に下りてきて、グアダラハラのあるソナ・セントロ（中央部）を通り抜け、北東に進むと、ロスアルトスに入る。ロスアルトスは、北の方に広がっているが、いくつかの蒸溜所は中でも南部の方に集まっている。

　テキーラは特定の領域でアガベを栽培・収穫し、許された地域でしか生産してはいけないが、それは第2章でくわしく説明したい。

　全国テキーラ産業会議所（Cámara Nacional de la Industria Tequilera　所在地：ハリスコ州グアダラハラ市コロニア・チャパリタ）によると、テキーラの原産地呼称により保護されている面積は約1,180万ヘクタールになる。だが、現在、原材料のブルーアガベが栽培されているのは、その中の農地のわずか3％に過ぎない。

I プレミアムテキーラを知る

CHAPTER1-4: Officially imported tequila brands

正規輸入されている 4 プレミアムテキーラのブランド

ここで、日本に正式に輸入されているプレミアムテキーラのブランドを紹介したい。正規輸入会社はアガベ100％のほかにもミクストテキーラも扱っているところが多いが、本書ではアガベ100％のものに集中したい。また、読者の期待に添えないかもしれないが、あえて詳細なテイスティングノートを書かないことにした。これには私なりの理由がある。

いくら細かいテイスティングノートを提示しても、最終的に、味や香りは感覚的なものであって、人によって感じ方には大きな個人差がある。また、同じ人でも試飲する時間帯やそのときの気分によって、まったく違う印象を受けることがあるからだ。したがって、ここでは各ブランドや各テキーラタイプの主な特徴を紹介するが、実際には皆様にご自分で味見してご自分に合ったプレミアムテキーラを見つけていただきたい。それをご自分の言葉で表して、楽しんでいただきたいと思う。

私の個人的な経験では、朝、昼、夜、いつテキーラを飲むかによって感じる味や香りが変わる。今までで一番香りを楽しんだのは、本当に長い時間を費やした仕事が終わって、テキーラを一杯飲もうとしたときだった。香りを嗅いだ瞬間、最高のアガベのアロマと熟成した樽の香りがものすごくよく感じられた。そこで味見をしたら、口の中で甘みとウッディーのトーンがうまい具合に舌を刺激してくれて、最高の気分であった。

一方、同じイメージで次の日に同じテキーラを飲んだところ、基本的な味や香りは感じたが、体の調子が違っていたためか、前の晩と同じような驚きで味わうことができなかった。別の日の昼間、新しくメキシコから届いたブランコタイプのテキーラを飲んだら、またまたあのときと同じぐらいの驚きで、新しい味わいの発見をした。結局、このような変化を感じさせてくれるのも、プレミアムテキーラのおもしろさであり、その奥深さをも感じて欲しいと思う。時と場合によって楽しむテキーラを自由に選べばよいということだ。

PREMIUM TEQUILA

　自分の体調を超えて、特定の銘柄の特徴をつかむのもプロの仕事ではあるが、その前に、それぞれの銘柄と飲んだときのタイミングに合わせ、あらかじめ用意された解説に誘導されず、私と同様に飲むたびの変化に気づいて楽しんでいただきたいのである。

地区名	ブランド名
テキーラ	1800／アスコナ・アスル／アギラ・アステカ／アラクラン／アマテ／オレンダイン・オリータス／ラ・コフラディア
アマティタン	アファマド／エヒダール／トレス・ムヘレス／エラドゥーラ／エル・ジマドール／エル・フォゴネロ／ラ・クアルタ・ヘネラシオン／ビジャ・テコアネ／アマネセル・ランチェーロ／デル・ムセオ／ドン・フェルナンド／ドン・フェルナンドTKO／ドン・フェルナンド ブルーラベル／アモルシート／ミ・ティエラ
エル・アレナル	クアトロ・コパス
サポパン	チャムコス
グアダラハラ	エレンシア・デ・プラタ／エレンシア・イストリコ"27デ マヨ"／レセルバ・デル・セニョール
テパティトラン	AGV400
アランダス	エル・テソロ／エル・テソロ パラディソ／エル・テソロ 70周年／タパティオ／スーパー・ティー／ラ・カバ・デル・マヨラル／グラン・ドベホ／プエブリート／アハ・トロ／チリ・カリエンテ
アトトニルコ	ドン・フリオ／ドン・フリオ 1942／ドン・フリオ レアル／エンバハドール／パトロン／グランパトロン プラチナ／カサドレス
アヨトラン	ランチョ・ラ・ホヤ

【ガイドの見方】
■1 生産地域 ／■2 ブランド名 ／■3 日本語表記 ／■4 蒸溜所名 ／■5 基本的なデータ(■a NOM：Norma Oficial Mexicana　メキシコ公式規格のもとに登録された蒸溜所番号／ DOT：Denominación de Origen Tequila　テキーラの原産地呼称のもとに登録された番号) ■6 テキーラタイプ／■7 各ボトルについて味わいなどを紹介／■8 蒸溜所、ブランドについて歴史などを紹介

1.ブランド名の日本語表記、また蒸溜所などのデータは基本的に輸入会社の情報です。　2.テキーラタイプは、タイプ別の表記なのでボトルのラベルと異なる場合があります。　3.基本的なデータは、特に表示が無い限り、左ページと右ページのボトルに共通するものです。　4.蒸溜所が移転したり、製造を別の蒸留所へ変更したりなどでNOM番号が変わる場合があります。

I プレミアムテキーラを知る

テキーラ地区

1800
1800
クエルボ蒸溜所

アルコール度数：	40%
内容量：	750ml
製造元：	カーサ・クエルボ可変資本株式会社 Casa Cuervo, S.A. de C.V.
所有者：	カーサ・クエルボ可変資本株式会社 Casa Cuervo, S.A. de C.V.

NOM：1122　DOT：113
問い合わせ先：アサヒビール株式会社

世界中のバーで愛されているプレミアムテキーラ

ブランコ

アメリカンオークで15日間熟成し、ソフトでなめらかな印象と、今までにない甘さを感じるフレッシュな味わい。カラーは樽色からくるほんのりとした麦わら色。カクテルのベースや、冷凍庫で冷やし、ライムと塩とともにショットスタイルで楽しみたい。

PREMIUM TEQUILA

　ク エルボ社が生み出すアガベ100％のプレミアムテキーラ、それが「1800」である。「1800」というブランド名は、1800年にテキーラが初めて木樽で熟成された歴史にちなんで名づけられた。樽選びには特にこだわり、現在でも蒸溜責任者だけが「1800」にふさわしい樽選びを行っている。2004年シルバーの発売により、レポサド、アニェホの3種類が揃った初めてのプレミアムテキーラとなった。
　特徴的なボトルシェイプで、シルバーとレポサドのボトルキャップは、ショットグラスとしても使える大変ユニークなキャップになっている。

レポサド

アメリカンオークとフレンチオークで6～8か月の熟成により、熟成感の強いカラーと、やわらかなブルーアガベのフレーバー、オーク樽のほのかなバニラの香り。アニェホとは違った魅力のある味わいは、まろやかで芳醇なマルガリータづくりに最適。

アニェホ

フレンチオークに加え、アメリカンオークでの3年にもおよぶ熟成。バニラやシナモンの香りで、ふくよかでエレガントな味わいと長い余韻。ニートやロックスタイルで楽しまれ、また世界中のバーで特別なマルガリータのベースとして用いられている。

I プレミアムテキーラを知る

> テキーラ地区

AZCONA AZUL
アスコナ・アスル

エウヘネシス蒸溜所

アルコール度数：	38%
内容量：	750ml、375ml
製造元：	デスティレリア・エウヘネシス可変資本株式会社 Destilería Eugénesis, S.A. de C.V.
所有者：	デスティレリア・エウヘネシス可変資本株式会社 Destilería Eugénesis, S.A. de C.V.

NOM: 1541　**DOT**: 264

問い合わせ先：　デ・アガベ株式会社

あとに残る酵母の香りは、どこか日本人にも懐かしさを感じさせる

> アニエホ

18か月間、高級な樽で熟成することで得られた、輝く黄金色とオークのスモーキーな香りと味わいが特徴。2010年、サンフランシスコ・ワールド・スピリッツ・コンペティションでブロンズメダルを受賞。

PREMIUM TEQUILA

テキーラ近郊で栽培される最高品質のブルーアガベを原材料に製造される。その伝統的工法は、まず石釜でアガベの芯を蒸してから粉砕し、搾り汁を自然に発酵させる。その後2回の蒸溜で、ピュアで透明感溢れるクリアなテキーラができる。それから良質なホワイトオーク材の樽に入れて熟成させる。ラベルは手彫りで、ボトルに付けるまで熟練職人たちの手を9回も経て完璧な仕上がりとなる。

アスコナ・アスルは、2003年に設立された。その初期の起業家は、市場のトップにあるアガベ100％テキーラを品質的に上回る商品をつくる目的で会社をはじめた。それが、ミゲル・アスコナ・ウエベル（Miguel Azcona Weber）氏とヘスス・ランデロス（Jesus Landeros）氏の2人である。不思議なことに、ミゲル氏の姓であるウエベルはアガベ・テキラナ・ウエベル（ウェーバーのスペイン語読み）と同じ名前だが、ただの偶然。ブルーアガベに正式名称をつけたのは、同姓のウェーバー（Weber）というドイツの科学者だ。

また、ミゲル氏の奥さんはヘレンさんというスイス人の女性だ。2人でテキーラをはじめる前から、アスコナ・アスルとアギラ・アステカの特徴であるレプハド（Repujado）の金属製ラベルをひとつの柱としてビジネスをしていた。2人が、ランデロス氏とパートナーシップを組むことによって、おしゃれで品のいいテキーラができ上がった。

ブランコ

カリフォルニア州のSIP Awardsで「ベスト・シルバー・テキーラ・オブ・ザ・イヤー2009」を受賞。また2010年、サンフランシスコ・ワールド・スピリッツ・コンペティションでシルバーメダルを受賞している。ラベルは、メキシコグアダラハラ市の優秀なラベルメーカーのレプハドだ。

レポサド

7か月間ホワイトオーク樽で熟成することで、厳しい味覚をも魅了する香りと味わいになっている。

I プレミアムテキーラを知る

テキーラ地区

AGUILA AZTECA
アギラ・アステカ
エウヘネシス蒸溜所

アルコール度数：	38%
内 容 量：	750mℓ
製 造 元：	デスティレリア・エウヘネシス可変資本株式会社 Destilería Eugénesis, S.A. de C.V.
所 有 者：	デスティレリア・エウヘネシス可変資本株式会社 Destilería Eugénesis, S.A. de C.V.
NOM：1541	DOT：264
問い合わせ先：	デ・アガベ株式会社

カクテルに
使われるために
設計された味

ブランコ

明るく透明感のある輝いた色。ブルーアガベのワイルドな風味で、プレミアム・カクテルにはベストマッチ。日本の市場で一番辛口と言われているテキーラで、特に関西で大人気だ。

PREMIUM TEQUILA

長い年月にわたる先祖伝来の伝統的で自然な方法に、現代の革新を加えて製造されている高品質のテキーラ。明るく透明感のある輝いた色のブランコは、ブルーアガベのワイルドな風味が最大の魅力だ。レポサドは、ホワイトオークの樽に入れて3か月間熟成させることによって、味にまろやかさなどの風味が加わる。

　ラベルは手彫りで、ボトルに付ける前に熟練した職人たちの手を9回も経て、完璧な仕上がりとなる。このようなパッケージへのこだわりは、ボトルの中身の優れた品質の表れと言えるだろう。

　アギラ・アステカは、ほかの飲み物とのミックスやカクテルで飲むことがベストである。なぜならば、最初からカクテルに使われるために設計されたプレミアムテキーラのブランドであるからだ。

　通常のテキーラより味が濃く、カクテルに使われる際、しっかりとテキーラカクテルとしての味が出るようになっている。ブランコはかなりの辛口でさっぱりとしたカクテルになるので、特にテキーラトニックやパロマにおすすめ。

　一方、レポサドの塩っぽさはカクテルの甘みをうまく引き出すはたらきがある。テキーラサンライズなどによく合うだろう。

　また、ブランコはオンザロックでもたいへん好まれている。

レポサド

淡い黄金色で洗練された香りと深い味わいが特徴。ブランコの辛口さに加え、塩っぽさもきちんと感じさせてくれる。このため、カクテルの甘さがうまい具合に強調されるカクテルに最適の1本。

Ⅰ プレミアムテキーラを知る

テキーラ地区

ALACRÁN
アラクラン
ティエラ・デ・アガベス蒸溜所

アルコール度数：	40%
内 容 量：	750mℓ
製 造 元：	ティエラ・デ・アガベス可変資本合同会社 Tierra de Agaves, S. de R.L. de C.V.
所 有 者：	セントルロ可変資本株式会社 Centruro, S.A. de C.V.

NOM：1513　DOT：229

問い合わせ先： デ・アガベ株式会社

どこまでも
透明で嘘のない存在

ブランコ
一瞬、日本酒かと思ってしまいそうな香り。ストレートでも、カクテルでも、ロックでもいけるテキーラである。また、グラスの縁にチリパウダーをつけて、カットオレンジを噛みながらも最高だ。

PREMIUM TEQUILA

アラクランは、正式にはEl Autentico Tequila Alacrán。頭文字をとってATAとも呼ばれるが、多国籍企業が創造した銘柄や商品ではない。

友人同士のグループで設立されたこのテキーラ.ブランコのブランド、アラクランは、既存のものに満足しないことや、楽しめるお酒の持つ意味という観点から誕生した。品質と真正の原産地にこだわり、ストレートで飲むことにおいて比類のない逸品をつくることに集中してきた。そのようにして、テキーラの中で最も純度の高い透明なブランコがつくられ、アラクランは2010年、メキシコシティで設立された。メキシコとニューヨークで特に人気が高く、ほとんどセレブ同士の口コミで広まりつつある。

アラクランをカクテルにミックスして飲むときには、強い味を隠すためではなく、高いアルコール度数を薄めるためでもなく、あくまで他の材料と混ぜたときの美味しさを楽しむために割るという考え方である。また、ストレートでも、ロックでも、あらゆる飲み方でも美味しく楽しめるようにつくられた。

通常、テキーラは塩とライムというイメージがあるものだが、むしろ、砂糖とコーヒーを試してほしい。グラスの縁にライムかレモンを塗り、インスタントコーヒーと砂糖をスターチすると美味しい。不思議なぐらい合うこのカクテル名は、「宇宙飛行士」！

アラクランのボトルは独特の手触りを持つマットな質感だが、冷凍庫で冷やしておくと、出した瞬間にボトルが薄い氷に覆われ真っ白に変わる。溶けてくれば水滴の輝きも美しい。テキーラは凍る心配はないので、キリッと冷えて味の強さが増したところを飲むのもいいだろう。香りは少しやさしくなるはずだ。

I プレミアムテキーラを知る

テキーラ地区

Amate
アマテ
ラ・コフラディア蒸溜所

アルコール度数：	40%
内容量：	750㎖
製造元：	ラ・コフラディア可変資本株式会社 La Cofradia, S.A. de C.V.
所有者：	ファン・カルロス・ヒメネス・アエド,カルロス・モンサルベ・アグラス Juan Carlos Jimenez Ahedo y Carlos Monsalve Agraz

NOM：1137　DOT：111
問い合わせ先：　リードオフジャパン株式会社

スムースで奥深い味わい

アニエホ

ホワイトオーク樽で18か月熟成。口当たりは滑らかで、ホワイトチョコレートや粉砂糖を思わせるほんのりとした甘みの中に、すっきりとしたミネラルが感じられる。

PREMIUM TEQUILA

設立者は、フアン・カルロス・ヒメネス・アヘド（Juan Carlos Jimenez Ahedo）氏とカルロス・モンサルベ・アグラス（Carlos Monsalve Agraz）氏の2人。
味にこだわり、レンガの釜を造って、好気性発酵という酸素に触れた状態で発酵させる製造方法を選んだ。このようにして、スムースで奥深い味が生まれている。

アマテの歴史を見ると、2003年から2007年までの間、ほぼ毎年何らかの賞をもらっている。特に、アメリカの権威ある酒類コンテストBeverage Tasting Instituteによると、2004年にブランコは"例外的な"ゴールドメダルを受賞。一方、アニェホは2007年にドイツMUNDUS VINI International Wine AcademyのInternational Spirits Awardで、シルバーメダルを受賞するなどの実績を残している。

バジェ地方のものでありながら、甘みがあって飲みやすいテイストのテキーラ。アガベをモチーフにしたデザインが目を惹くボトルは高い人気の理由のひとつだが、蒸溜所に併設された自社工房で職人によってひとつひとつ手づくりされている。

ブランコ
バジェ地方のものでありながら甘みがあって飲みやすいテイストのブランコ。

レポサド
アメリカンオーク樽で6か月熟成。コーヒー、ココアバター、ローストヘーゼルナッツなどの香ばしさとシナモン、ホワイトペッパーのスパイシーさが絶妙なバランスで溶け合った、芳醇な香りが広がる。

I プレミアムテキーラを知る

テキーラ地区

Orendain OLLITAS
オレンダイン・オリータス

オレンダイン蒸溜所

アルコール度数：	35%
内容量：	750㎖
製造元：	テキーラ・オレンダイン・デ・ハリスコ可変資本株式会社 Tequila Orendain de Jalisco, S.A. de C.V.
所有者：	テキーラ・オレンダイン・デ・ハリスコ可変資本株式会社 Tequila Orendain de Jalisco, S.A. de C.V.

NOM：1110　DOT：95

問い合わせ先：　リードオフジャパン株式会社

ストレートもしくは
ロックがお勧め

レポサド

2回蒸溜のあと、アメリカンホワイトオークの樽で6か月熟成。口に含むとアガベの豊かな風味とバニラの風味が感じられるまろやかな味わい。

テキーラ業界の中で代表的な企業のひとつに、カサ・オレンダイン（Casa Orendain）社は必ず数え上げられるであろう。

　1926年に、ドン・エデュアルド・オレンダイン・ゴンサレス（Don Eduardo Orendain Gonzresz）氏によって、テキーラ村の小さな蒸溜所でテキーラ・オレンダインは設立された。彼の努力で徐々に規模を広げ、世界中に知られるブランドにまで成長したのである。現在、ドン・エデュアルドの第2世代の家族がオレンダインを運営している。

　オレンダインには、「オレンダイン・ブランコ」と「オレンダイン・オリータス（メキシコ正式名称はOllitas＝オジタス）」と呼ばれるブランコがある。オジタスはスペイン語で小さな陶器のつぼという意味である。そして、オレンダイン・ブランコはミクストテキーラで、オリータスはアガベ100％テキーラである。

ブランコ

アガベの香りとスムーズな飲み口のバランスを追求して、アルコール度数は35％。オレンダイン社のこだわりが詰まったプレミアムテキーラだ。生産地ハリスコ州の石灰質の土壌で濾過された天然水を用いて3回蒸溜されている。

I プレミアムテキーラを知る

テキーラ地区

LA COFRADIA
ラ・コフラディア

ラ・コフラディア蒸溜所

アルコール度数：	40%
内 容 量：	750mℓ
製 造 元：	ラ・コフラディア可変資本株式会社 La Cofradia, S.A. de C.V.
所 有 者：	ラ・コフラディア可変資本株式会社 La Cofradia, S.A. de C.V.

NOM：1137　DOT：111
問い合わせ先：　リードオフジャパン株式会社

50年以上の歴史を持つ
テキーラの名門
ラ・コフラディア社の、
社名を冠するに
ふさわしいテキーラ

アニェホ

スパイシーな口あたりから
アガベの甘い余韻が長く
続く。木樽の風味とのバラ
ンスも絶妙。

PREMIUM TEQUILA

　ラ・コフラディア社は、1992年に設立されて以来、短期間に生産量を大きく上げることに成功した企業のひとつである。今では、1日あたりの生産量は15,000〜18,000リットルにものぼる。世界のテキーラの輸出量で言うと7位に当たり、25か国以上にテキーラを届けている。300以上のボトルの種類を持っており、そのデザインは民芸品的なタッチが特徴である。

　このブランドは、中でも特別な商品として、すべてのボトルのラベルは、社長のカルロス・エルナンデス・エルナンデス（Carlos Hernandez Hernandez）氏がサインしている。特別なときのお土産としてあげられるように考えられた特別のテキーラとされているのだ。

　2004年からは、テキーラの生産だけでなく、観光もビジネスに取り入れ、メキシコの文化に溢れたツアーを行っている。

ブランコ
余韻にはスパイシーさの中にアガベの甘みが残る。

レポサド
木樽の風味とアガベの甘みがほどよくマッチした、バランスのとれた味わい。

I プレミアムテキーラを知る

アマティタン地区

AFAMADO
アファマド

トレス・ムヘレス蒸溜所

アルコール度数：	38%
内容量：	750mℓ
製造元：	テキーラ・トレス・ムヘレス可変資本株式会社 Tequila Tres Mujeres, S.A. de C.V.
所有者：	テキーラ・トレス・ムヘレス可変資本株式会社 Tequila Tres Mujeres, S.A. de C.V.

NOM：1466　DOT：192

問い合わせ先：　えぞ麦酒株式会社

アファマドは
スペイン語で"人気者"

アニエホ

少なくとも3年フレンチオーク樽で熟成される。深い琥珀色で上品な香り、樽から醸しだされる独特の甘みが口の中に広がり、より洗練された香り、味わいが残る。熟して柔らかな風味を感じさせる最高級のバランスである。

PREMIUM TEQUILA

　トレスムヘレス（Tres Mujeres＝3人の女性）蒸溜所でつくられているブランド。この蒸溜所はアマティタン地区に独自のアガベ畑を持っており、100万株以上のアガベを育てている。プレミアムテキーラの生産のために、最高のアガベのみを選別していることを売りにしている。また、オーガニックとまでは言わないが無農薬でアガベを育成しているそうである。100％アガベ、そして100％メキシコの企業ということに誇りを持っている会社だ。

　不思議なことに、インターネットで"AFAMADO"と検索してみると、ほとんど自転車競技場のレース結果ばかりが出てくるのである。そのわけは、テキーラ・アファマドはレースチームを持っており、熱心にアファマドの名前を背負って、世界中を走り回っている。

　ボトルは裏側に馬の絵が描いてあり、正面から馬が透けて見えるという特徴がおもしろい。

ブランコ

透きとおった混じりけのない自然な味わい。伝統的な趣の強いテキーラである。そのまま飲んでもカクテルにしても楽しめる。

レポサド

使われている特別なアガベはアマティタンキャニオン産。少なくとも12か月ホワイトオーク樽で熟成される。綺麗な干し草色で心地よいスモーク香、すもも、カラメル感が特徴である。

I プレミアムテキーラを知る

アマティタン地区

Ejidal
エヒダール

トレス・ムヘレス蒸溜所

アルコール度数：	40%
内 容 量：	750mℓ、50mℓ
製 造 元：	テキーラ・トレス・ムヘレス可変資本株式会社 Tequila Tres Mujeres, S.A. de C.V.
所 有 者：	マリオ・ゴメス・バスケス Mario Gómez Vázquez

NOM：1466 **DOT：**192
問い合わせ先： えぞ麦酒株式会社

コストパフォーマンス
に優れた一品

ブランコ

マレドレス家私有のアガベ畑で手作業で育てられたそのアガベは、40時間かけて蒸すことによって、しっとりした甘みを引き出す。

PREMIUM TEQUILA

アスニア（Azunia）、レヒオナル（Regional）といったブランドで知られる、エンプレサ・エヒダール・テキレラ・デ・アマティタン（Empresa Ejidal Tequilera de Amatitán）という会社から委託されてつくられている。エヒダールはスペイン語のエヒード（Ejido）という言葉からきている。エヒードは「共有地」という意味なので、同じ土地で多くの人々が働いて、共通の目的に向かって毎日こつこつと頑張るというイメージを伝えたかったのであろうか？

日本では、アガベ100％テキーラでありながら、かなりの低価格である。

Quiote キオテ

アガベが成長するまで、約10年かかると言われているが、テキーラの製造に関しては、アガベの甘みが最高のときに収穫したいものである。メーカーによって、6年で収穫するところもあれば、10年待つところもある。

しかし、一般的には、アガベが成長しきる手前が一番甘みを蓄えていると言われている。この時期を分かりやすく示してくれるのは、キオテ（Quiote）の成長だ。

キオテはアガベの花茎で、だいたい10年目に顔を出す。アガベの一番甘い時期が、ちょうどこのキオテが出てくる手前の段階なのだ。キオテは、アガベの中心部から伸びてきて、長いもので約10mまで背伸びするものもある。背が高くなるほど、アガベの中心部にある栄養素を吸い取ってしまうため、この手前の段階でアガベを収穫するのが理想とされている。

キオテの根となる部分は、コゴヨ（Cogollo）という。コゴヨからキオテは生まれ、成長していく。ヒマドールがアガベを収穫したあと、多くのテキーラメーカーがコゴヨを切り抜く作業に入る。なぜなら、コゴヨは苦味の成分を含んでいるからだ。したがって、取りのぞいた方が、甘いテキーラができ上がると言われている。

キオテが成長すると、一番高いところで黄色い花が咲く。この段階では、アガベは立派な大人になっている。

41

I　プレミアムテキーラを知る

> アマティタン地区

Tres Mujeres
トレス・ムヘレス

トレス・ムヘレス蒸溜所

アルコール度数：	38%
内容量：	750㎖、(革ボトル) 750㎖、250㎖、50㎖
製造元：	テキーラ・トレス・ムヘレス可変資本株式会社 Tequila Tres Mujeres, S.A. de C.V.
所有者：	テキーラ・トレス・ムヘレス可変資本株式会社 Tequila Tres Mujeres, S.A. de C.V.

NOM：1466　**DOT：**192
問い合わせ先：　えぞ麦酒株式会社

3人の女神と恋に落ちてできたプレミアムテキーラ

> アニエホ

少なくとも3年フレンチオーク樽で熟成される。より洗練された香り、味わいが残る。深い琥珀色で上品な香り、樽から醸し出される独特の甘みが口の中に広がってゆく。最高級のバランスのこのテキーラは、熟してやわらかな風味を感じさせてくれる。

PREMIUM TEQUILA

　テキーラ・アファマドのところで紹介したが、アマティタン地区に独自のアガベ畑を持ち、100万株以上のアガベを育てているのと、無農薬でアガベを育成していることが特徴である。

　この会社の名前の由来には、2つの説があるようだ。うわさではトレス・ムヘレス(3人の女性)という名前は、この会社の設立者であるドン・ヘスス・パルティダ(Don Jesus Partida)氏の3人の娘たちのことを記念してこの名前にしたという説がひとつ。もうひとつの説は、ドン・ヘスス氏には、同時に3人の妻がいたという話。さて、どちらが本当なのだろうか？

　実際、オフィシャルな説明によると、神秘的な話からこの名前を得たそうである。

　アガベ畑で一所懸命に働く戦士を3人の女神が空から見て、その戦士のアガベに対する情熱にあこがれたという。女神たちは順番に男を恋に落とそうと、1人目はアガベ畑に雨を降らせ、2人目は雷を落としたが、3人目は最初の2人が落とした雨と雷を取りまとめて、それを愛に包み、アガベのエリキシルをつくり出した。これを男に差し出したところ、男は3人の女神と恋に落ちて、彼女たちは人間になり、4人で暮らすことになったそうである。

ブランコ

透き通った混じりけの無い自然な味わい、伝統的な強いテキーラである。そのまま飲んでもカクテルにしても楽しめる。

レポサド

このテキーラのために使われる特別なアガベはアマティタンキャニオン産。少なくとも12か月ホワイトオーク樽で熟成される。きれいな干し草色で心地よいスモーク香、すもも、カクテル感が特徴だ。

※写真の革ボトルは250mℓ

I プレミアムテキーラを知る

アマティタン地区

HERRADURA
エラドゥーラ

エラドゥーラ蒸溜所

アルコール度数：	40%
内 容 量：	750mℓ
製 造 元：	ブラウン-フォーマン・テキーラ・メキシコ可変資本合同会社 Brown – Forman Tequila Mexico, S. de R.L. de C.V.
所 有 者：	ブラウン-フォーマン・テキーラ・メキシコ可変資本合同会社 Brown – Forman Tequila Mexico, S. de R.L. de C.V.

NOM：1119　DOT：250
問い合わせ先：サントリー酒類株式会社

一切の添加物や
酵母を加えることなく、
自然発酵でつくられる
エラドゥーラは、
プレミアムテキーラの代名詞

ブランコ
40日間の樽熟成。カクテルで、ショットで、本物のテキーラの旨さが満喫できる。

このブランドのおもしろいところは、ブランコテキーラを40日間ホワイトオーク樽で寝かしていることだ。四角い、透明感が伝わるどっしりとした低めのボトルが特徴である。

エラドゥーラのマークは馬蹄である。エラドゥーラとはまさしくスペイン語で馬蹄という意味だ。多くの国でもそうだが、メキシコでも馬蹄は幸運のシンボルとされている。だがそこには、牧場、自然や仕事に対する思いやりも含まれているので、意味はもう少し深いのである。

これまでにこのブランドは世界中で16回以上ゴールドメダルを受賞している。そのひとつは、2007年のWine Enthusiastの"Distiller of the Year"だ。テキーラメーカーでこのようなアワードをもらうのは初めてだったそうである。

エラドゥーラ、そしてホセ・クエルボとサウサは、メキシコの最も有名で歴史の長いテキーラブランドと言っても過言ではないだろう。

レポサド
11か月間熟成をさせた逸品で、樽熟成由来のまろやかさが特徴。

アニエホ
2年間の樽熟成による深みと力強さを備えたプレミアムテキーラ。

I プレミアムテキーラを知る

アマティタン地区

el Jimador
エル・ジマドール

エラドゥーラ蒸溜所

アルコール度数：	40%
内容量：	750mℓ
製造者：	ブラウン-フォーマン・テキーラ・メキシコ可変資本合同会社 Brown – Forman Tequila Mexico, S. de R.L. de C.V.
所有者：	ブラウン-フォーマン・テキーラ・メキシコ可変資本合同会社 Brown – Forman Tequila Mexico, S. de R.L. de C.V.

NOM：1119　DOT：250
問い合わせ先：　サントリー酒類株式会社

リーズナブルな価格はブランドの大きな特徴

レポサド

オーク樽で2か月間熟成。アガベの甘さが感じられる、滑らかな舌触りのテキーラだ。

PREMIUM TEQUILA

エラドゥーラと同じ工場でつくられている、エラドゥーラの姉妹ブランドである。

スペイン語本来の読み方ではエル・ヒマドール。ヒマとはアガベの収穫をするという意味だ。彼らのアガベの収穫の苦労を考えて付けられたようである。腕のあるヒマドールは、1日に約1トンものアガベを収穫できるという。

1994に生まれ、現代と古代的な製造方法を組み合わせることによって、美味しくて、大量生産のできるブランドに仕上げられた。今では、メキシコで最も愛されているブランドだとされている。日本でも人気が高まっている。

ブランコ

驚くほどスムーズな味わい。初めてテキーラを飲む人にお勧め。

カサ・エラドゥーラとも呼ばれる。カサはスペイン語で家という意味である

Casa Herradura
エラドゥーラ蒸溜所

　テキーラ・エラドゥーラは、ハリスコ州アマティタン地区にあるとても長い歴史を持っているブランドで、1870年から存在している。この年、フェリックス・ロペス(Felix Lopez)氏は「サン・ホセ・デル・レフヒオ(San Jose del Refugio)」をテキーラ製造のためのアシエンダ(Hacienda＝大農園)として登記した。当時、アシエンダは工場とその工場の周りに住むすべての社員や関係者からなっていて、まるで小さな村のようであった。それから135年以上の間、そして今でも、アシエンダでつくられるテキーラは、エラドゥーラしか残ってないようである。

　実際には、エラドゥーラの歴史は1802年までにさかのぼる。ホセ・フェリシアノ・ロモ(Jose Feliciano Romo)という神父が、いずれアシエンダ・デル・パドレと呼ばれることになる牧場を買った。

　当時、大きな家を「アシエンダ」と呼ぶためには必要な条件があり、礼拝堂があって、労働者がいて、牧畜ができてかつ、農産やビジネスを行わないといけないという、小さな村のようなところである必要があった。ホセ・ロモ神父は、この牧場で豆、トウモロコシとアガベを栽培し、数頭の牛を飼っていた。また、ビジネスとして、メスカル

実際に使われていた施設が保存展示されている

ワインをつくっていた。

　ホセ・ロモ神父には、サラサル(Salazar)姉妹という2人の養女がいて、彼が死ぬ前に彼女たちにこの牧場が受け継がれた。

　フェリックス・ロペス氏は、この姉妹の執事(mayordomo)で、長年彼女たちの牧場および財産の管理をしていた。やがて、姉妹のひとりホセファ・サラサル(Josefa Salazar)が亡くなったときに、ロペス氏へそれまでのお礼としてこの牧場が遺された。このようにしてロペス氏はテキーラ・エラドゥーラをはじめたわけだが、その後は何世代にもわたり、複雑な家族関係の遺書と経営的な助け合いによって、最終的に兄弟や従兄弟へわたり、会社はロモ・デ・ペニャ(Romo de Pena)家まで辿り着いたのである。一般的には、エラドゥーラの歴史はここから知られている。

　現在、工場を訪れれば近代的な設備のすぐ隣に、古い時代に使われていた蒸溜器や釜が見られる。当時のタオナやそのほかの設備は、博物館として保存されている。

　2001年には、ブランドのオーナーだったロモ・デ・ペニャ家は、スペインのブランデー会社オスボーン(Osborne)社に株の一部を売却したが、2004年に買い戻し、改めて100%メキシコの会社となった。金額は、当時売却した額をはるかに上まわっていたと言われている。

　また2006年には、ペルノー・リカール(Pernod Ricard)社、ブラウン・フォーマン(Brown-Forman)社、バカルディ(Bacardí)社および、再びオスボーン社を含む、多くの世界の酒類販売のリーダーが成長し続けるエラドゥーラに注目し、ジャック・ダニエルをつくっているブラウン・フォーマン社に吸収された。

1 古い銅製の蒸溜器　2 こちらは現在活躍しているステンレススチールの蒸溜器
3 セミナールームに古い樽が飾られている

I プレミアムテキーラを知る

アマティタン地区

El Fogonero
エル・フォゴネロ

トレス・エルマノス蒸溜所

アルコール度数：	40%
内 容 量：	750ml
製 造 元：	プロビードラ・イ・プロセサドラ・デ・アガベ・トレス・エルマノス可変資本株式会社 Proveedora y Procesadora de Agave Tres Hermanos, S.A. de C.V.
所 有 者：	プロビードラ・イ・プロセサドラ・デ・アガベ・トレス・エルマノス可変資本株式会社 Proveedora y Procesadora de Agave Tres Hermanos, S.A. de C.V.

NOM：1439　DOT：153
問い合わせ先：　デ・アガベ株式会社

男が好むテキーラの伝統的な味わい

ブランコ

フレッシュなアガベの香りが楽しめる。雨が去った後のぬれた土を思い出させる、原点に戻してくれる一品。

PREMIUM TEQUILA

　火夫（かまたき）を職業にしていたドン・アントニオ（Don Antonio）氏の長年の夢からはじまったブランド。彼の夢は、自分で働いていた工場のテキーラより、美味しいテキーラをつくることだった。

　1996年にやっとこの夢を実現したのは、ドン・アントニオ氏の第3世代。彼の3人の孫、ヘスス氏、リゴベルト氏、そしてアントニオ氏だった。「El Fogonero」は火夫の意味。祖父の名誉を代表して、設立された。

　ヘッドとテールの処理に細かい注意をすることによって、メタノールの成分をうまく取り除いている。二日酔いを起こさないテキーラを保証しているこのブランドのモットーは、"Vive la fiesta sin consecuencias（後悔しないパーティーの楽しみ）"。

レポサド

弱火でじっくりと蒸溜された確かな品質。ハーブ、蜂蜜そしてフルーティーな香りとウッディーなトーンが特徴。

アニエホ

ホットにしてまろやか。柑橘類と上質なスパイスの味わいと強いウッディーなトーン。甘みもあって、のどごしも感じられる。

I プレミアムテキーラを知る

アマティタン地区

La Cuarta Generacion
ラ・クアルタ・ヘネラシオン

アシエンダ・デ・オロ蒸溜所

アルコール度数： 38%
内　容　量： 750mℓ、250mℓ
製　造　元： アシエンダ・デ・オロ可変資本株式会社
　　　　　　 Hacienda de Oro, S.A. de C.V.
所　有　者： グアダルーペ・ロサナ・サウサ・カマレナ
　　　　　　 Guadalupe Rosana Sauza Camarena
NOM：1522　DOT：236
問い合わせ先： デ・アガベ株式会社

100年の伝統と
一滴一滴に美味が宿る
最高級のテキーラ

ブランコ

最高級のブルーアガベの芯から抽出した液汁を3回蒸溜させてできるソフトな香りを放つ輝く透明なテキーラ。ストレートでもカクテルでも美味しい。3回も蒸溜したとは思えない、アガベの香りと味が残っている。

※写真はすべて250mℓ

PREMIUM TEQUILA

「ラ・クアルタ・ヘネラシオン（＝第4世代）」は、グアダルーペ・ロサナ・サウサ・カマレナ（Guadalupe Rosana Sauza Camarena）さんの登録商標である。同社の代表者である彼女は、真にアガベの蒸溜の先駆者であるサウサ家の第4世代であり、メキシコ、とりわけテキーラの名称の由来となった地域を有名にしたテキーラメーカーである。

この第4世代テキーラは、よく知られたサウサのテキーラ「トレス・ヘネラシオネス（Tres Generaciones＝第3世代）」の直後に市場に出された製品だ。ちなみに、第3世代はサウサ家と縁があることは言うまでもないが、それを製造していた工場は売却され、今日では外資系の会社に属している。

一方、「ラ・クアルタ・ヘネラシオン」のブランドは、10年前に誕生し、2008年にグアダルーペ・サウサはブランドを一新した。これにより、サウサ家伝来の素晴らしい製造法を守りつつ、新しいボトルとブランドのロゴタイプでテキーラを提供している。

何世代にもわたって引き継がれた伝統の風味と愛着から生まれた、品質と美味にさらに磨きをかけていこうという願い。サウサ家の門外不出の最高の製造法に裏付けられた第4世代は、このようにして誕生した。

レポサド

高級なホワイトオーク材の樽で6か月熟成。ゴールドの輝きとウッディーな風味は、「門外不出」の昔ながらの製造法と一体となって、この製品を極めて独特なものとしている。最も舌の肥えた人々をも満足させるだろう。

アニエホ

テキーラの完璧な熟成を実現するためには、細部にまでも徹底したこだわりが必要である。この工程では、温度、湿度、酸化および熟成時間が日々厳格に管理されている特別な倉庫で注意深く扱われる。

I プレミアムテキーラを知る

アマティタン地区

Villa Tecoane
ビジャ・テコアネ

ラス・フンタス蒸溜所

アルコール度数：	35%
内 容 量：	750ml
製 造 元：	テキレラ・ラス・フンタス可変資本株式会社 Tequilera Las Juntas, S.A. de C.V.
所 有 者：	テキレラ・ラス・フンタス可変資本株式会社 Tequilera Las Juntas, S.A. de C.V.

NOM：1500　**DOT**：216
問い合わせ先： デ・アガベ株式会社

存在感満点の飾って眺めたい芸術的なデザイン

レポサド

女性向けにつくられた、4か月間アメリカンオークのピポンで熟成した、深い琥珀色のフルーティーなテキーラ。

PREMIUM TEQUILA

　スペイン語でVillaは村を意味し、Tecoaneはこのテキーラをつくっているラス・フンタス蒸溜所のあるアマティタン地区近くの村の名前である。つまりテコアネ村という名前だ。

　このブランドはピポン（Pipon）という1,000リットル以上も詰めることができる大きな樽で熟成されている。ピポンでは液体と木の接触面が少なく、通常の樽よりも丸い味ができる。フルーティーで、アルコール度数が抑えめの35％であるのが特徴で、テキーラが好きな女性のことを考えてつくられている。ボトルの形は、ピポンを横にスライスしたイメージである。

Tequilera Las Juntas
ラス・フンタス蒸溜所

　テキーラの世界で、ラス・フンタス蒸溜所は、おそらく一番多くの賞を短期間にもらった蒸溜所であろう。ホームページに公開されているだけで、ロンドン、オーランド、サン・フランシスコ、メキシコのカンクンなどの地域で、すでに20以上も受賞している。エラドゥーラ蒸溜所のすぐ近く、バランカ・デル・テコアネ（Barranca del Tecoane）通り沿いにある。

　テキーラの製造工程においては、初めて90％ものオートメーション化に成功できた蒸溜所である。熱心なエンジニアかつ役員でもあるカルロス・パディージャ（Carlos Padilla）氏が、ナショナル・インスツルメンツ（National Instruments）という大手の測定器・制御機器メーカーのツールを導入し、自動制御を可能にした。

　カルロス氏自らプログラミングをし、製造工程に合った感知器やバルブなどを開発して、パソコンにつなぐことにより製造を制御し、一定の品質で生産できるようにした。これによって各製品の特定の品質管理を実現している。アメリカで有名なブルーヘッドテキーラはこの蒸溜所でつくられているし、下請けで他のメーカーのテキーラもつくっている。

　蒸溜所自体はそれほど大きくないが、伝統と品質にこだわっており、アガベ100％テキーラの生産に特化している。さまざまな現地の企業と組むことによって、世界にハイ・クオリティの商品を届けている。

　また、製造機器はすべて自家製にこだわっているが、その原動力となったのが、カルロス氏がテキーラの製造工程をオートメーション化できると証明したいという思いだったそうである。

カルロス氏

I　プレミアムテキーラを知る

> アマテイタン地区

Amanecer Ranchero
アマネセル・ランチェーロ

ラス・フンタス蒸溜所

アルコール度数：	38%
内 容 量：	1000㎖
製 造 元：	テキレラ・ラス・フンタス可変資本株式会社 Tequilera Las Juntas, S.A. de C.V.
所 有 者：	テキレラ・ラス・フンタス可変資本株式会社 Tequilera Las Juntas, S.A. de C.V.

NOM：1500　DOT：216
問い合わせ先：　デ・アガベ株式会社

14か月もの間熟成された、癖になりそうなアニェホ

> **アニェホ**
>
> アメリカンオークのウッディーさとフレンチオークのフルーティーな特徴がちょうど半分ずつ現れる。ブランデーグラスでストレートでもよいが、ロックでも楽しめる。ロックの場合、注いでから氷がカランと落ちたときが飲み時だ。

2009年のサンフランシスコ・ワールド・スピリッツ・コンペティションでシルバーメダルを受賞した、アメリカンオークとフレンチオーク、それぞれの樽で14か月熟成したものをブレンドしているテキーラである。

アマネセル・ランチェーロのコンセプトは、ボトルの形に示されているとおり、テキーラの製造に含まれるすべてのプロセスが商品から感じ取れること。たとえば、ボトルは一見樽の形だが、上半分がアニェホをつくるために必要な熟成期間を感じさせる樽、下半分が原料となるアガベのピニャをかたどった模様を描いている。アニェホのほかにも、もちろんブランコとレポサドもあるが、現時点ではまだ日本に輸入されていない。

味の特徴は、アメリカンオークから得られるハーブの香りに、フレンチオークのフルーティーなトーンがうまいバランスで表現されている。

また、アマネセル・ランチェーロの意味は「牧場の夜明け」である。ヒマ（刈り取り）がはじまる時間は夜明けで、アガベ畑の周りには牧場もあるため、この名前が付けられた。

▲ラス・フンタスが誇るアガベ畑にて。左からカルロス氏、畑のオーナーであるオスカル・オンティベロス（Oscar Ontiveros）氏、そして筆者

◀アウトクラベで蒸し上げられたピニャ

| アマテイタン地区 |

DEL MUSEO
デル・ムセオ
ラス・フンタス蒸溜所

アルコール度数：	40%
内容量：	750㎖
製造元：	テキレラ・ラス・フンタス可変資本株式会社 Tequilera Las Juntas, S.A. de C.V.
所有者：	テキレラ・ラス・フンタス可変資本株式会社 Tequilera Las Juntas, S.A. de C.V.

NOM：1500　**DOT**：216
問い合わせ先：　デ・アガベ株式会社

まさしく、
釜から出てきたばかりの
やわらかいアガベの味を
思わせる

レポサド

度数40%のパンチに、フルーツのやわらかさを感じさせてくれる。アメリカやヨーロッパで何度も受賞。ボトルは、アガベの葉っぱを切り落としたときに残るピニャの模様を描いている。

PREMIUM TEQUILA

　デル・ムセオというブランド名は、「博物館の」という意味になるが、歴史や伝統、またさまざまな厳しい基準に基づいて、テキーラのつくり方や知識が代から代へと伝えられてきたという意味も持っているのだ。

　また、多くの外国語でも発音しやすいように、この名前が選ばれたということである。

　レポサドはホワイトアメリカンオーク樽で4か月間熟成された、澄んだ琥珀色のテキーラ。フルーティーでスモーキーな味わい豊かな上質の一品である。2009年にはサンフランシスコ・ワールド・スピリッツ・コンペティションで最大の賞"ベスト・レポサド"を受賞した。またブランコはアマティタン地区の比較的小さめのアガベの甘みそのままを表している。

ブランコ

バジェ地方にしては、よりハーブっぽい香りがすると思われがちだが、意外とフルーティーなトーン。一方、飲んだときのボディはしっかりと口の中に感じられ、アガベの脂身からくる濃度が感じられる。甘いスタートに、バジェの辛口の感じが徐々に口の中に広がっていく。最後は、甘いアフターテイストが楽しめる。

アニエホ

ハーブとフルーティーな香りがして、カラメル、バニラ、リコリスが感じられる。度数40%を感じさせない甘みと微妙な舌の周りのヒリヒリ感が楽しめる。上品な味でほとんど苦味が感じられないため、そのままストレートがお勧めだ。

I プレミアムテキーラを知る

アマティタン地区

Don Fernando
ドン・フェルナンド
バランカ・デ・アマティタン蒸溜所

アルコール度数：	38%
内容量：	700㎖
製造元：	テキレラ・デ・ラ・バランカ・デ・アマティタン可変資本株式会社 Tequilera de la Barranca de Amatitan, S.A. de C.V.
所有者：	カルロス・カリージョ・ラモス Carlos Carillo Ramos

NOM：1473　**DOT**：190
問い合わせ先：　日本食品流通株式会社

ボトルの美しさはハンドメイドならでは

アニエホ

ブラウンのボトルは、その熟成度をエレガントに醸し出す。24か月樽熟成される濃い琥珀色で非常に滑らか。ドライフルーツのような風味とアガベの甘みとアーモンドの口当たりを残す絶妙なバランス。テキーラ愛好家絶賛のアニエホである。

PREMIUM TEQUILA

「ドン・フェルナンド（Don Fernando）」は実際に存在した人の名前である。1919年、ドン・フェルナンドはハリスコ州アマティタンの10人兄弟の貧しい家庭に生まれた。ドン・フェルナンドは次男で、一番下の弟が8か月のときに彼らの父親が事故で亡くなったため、兄弟全員が農業に従事せざるを得なかった。自分は農家として生きていけないと感じたドン・フェルナンドは州都のグアダラハラに出稼ぎに行くが、そこで勉学が足りないことに気づいた彼は、努力して大学まで進み、科学を専攻したのである。

その後、それまでに得た知識や経験を活かして、テキーラのさまざまな種類のレシピを考案した。その中に、テキーラの代表的なチェイサーであるサングリータのレシピも含まれている。

彼の技術は子どもへと受け継がれ、父の功績を称えてその名をつけられたテキーラが生まれたのである。

ブランコ

美しいブルーのボトルが目を惹く。透明性を強調したデザインはまさにブランコの象徴である。テキーラ独特の風味を維持したダブル蒸溜、口の中に広がる甘い香りと、ビロードのような滑らかさがある。

レポサド

麦わらのようなほのかな黄色のボトル。フレンチオーク樽で9か月熟成された風味とバニラやアーモンドの風味も醸し出す、バランスに優れたレポサド。黄金色がきれいなミディアムボディだ。

I プレミアムテキーラを知る

> アマティタン地区

Don Fernando
TKO Original

ドン・フェルナンド ノックアウトTKOオリジナル

バランカ・デ・アマティタン蒸溜所

アルコール度数：	50%
内　容　量：	750mℓ
製　造　元：	テキレラ・デ・ラ・バランカ・デ・アマティタン可変資本株式会社 Tequilera de la Barranca de Amatitan, S.A. de C.V.
所　有　者：	テキレラ・デ・ラ・バランカ・デ・アマティタン可変資本株式会社 Tequilera de la Barranca de Amatitan, S.A. de C.V.

NOM：1473　　DOT：190
問い合わせ先：日本食品流通株式会社

パンチグローブの形で
プレゼントにも
喜ばれるボトル

ブランコ

度数50%から想像できる、パンチが効いていて、それでいてアガベの香り豊かなキリッとしたのどごしから、風味が鼻に抜けるようなしっかりしたテキーラ。

PREMIUM TEQUILA

「ド」ン・フェルナンド」は、アガベの耕作から瓶詰めまでを一貫して行っている。それは、メキシコのテキーラの伝統にのっとり、最も素晴らしいプレミアムテキーラをつくるためである。

　アガベに適した土地を選び、成長したブルーアガベを、伝統的に使用している石のオーブンで蒸した後、エキスを自然にできた勾配の斜面を利用して、時間をかけて移動し、発酵させ、蒸溜するという、100％プレミアムテキーラのための伝統的な蒸溜方法で、風味豊かなバランスのとれたテキーラを製造している。伝統のフランスオーク樽で熟成している。蒸溜所は、バランカ・デ・アマティタン（アマティタン峡谷）の下にあり、自然の安定した気候風土の場所で、年間を通じて一定の質を管理できる。

　そこにある純粋な湧水は、最もテキーラに適しているミネラルウォーター。このように古来からの自然環境のような中で育まれた、最も純粋なプレミアムテキーラであるのだ。

Don Fernando
Blue Label
ドン・フェルナンド **ブルーラベル**

ブランコ
テキーラ独特の風味を生かした伝統の2回蒸溜、アガベの香りがさわやかで、滑らかさがある。カクテルもよし、ショットでもよし。

アルコール度数 ： 38％
内 容 量 ： 1,000mℓ

レポサド
9か月オーク樽で熟成された、黄金色。飲みやすさを追求したミディアムボディ。

アルコール度数 ： 38％
内 容 量 ： 750mℓ

TBAが自然の斜面にそって建てられているのがよくわかる

Tequilera de la Barranca de Amatitan
バランカ・デ・アマティタン蒸溜所

　ドン・フェルナンド（Don Fernando）をつくっているバランカ・デ・アマティタン蒸溜所（頭文字をとってTBAとも呼ばれる）は、伝統的かつ自然な製造方法にしたがって、テキーラを生産している会社だ。テキーラの品質を保証するためのひとつのこだわりとして、この蒸溜所は独自でアガベを栽培している。

　NOM番号1473を取得し、テキーラ規制委員会（CRT）の元で、厳しい管理基準にしたがって生産していると、ドン・フェルナンドのオーナーであるアナ・ロサ・カリージョ（Ana Rosa Carrillo）さんは話す。

　「TBAでは、情熱をこめてテキーラを蒸溜しています。アガベを12年間も成長させたものを使用し、クッキング用の石釜や熟成に使うオーク樽など、多くの細かいところに気配りしています。真のアガベ100％テキーラを構成するユニークな風味を維持するためには、トリプルではなく、ダブル蒸溜が欠かせないものです。ファインテキーラには、アガベとオークのフレーバーの完璧なバランスが必要です。このようにして、メキシコの誇りとなる繊細な製品を提供するために、ドン・フェルナンドの手芸シリーズを心をこめてつくりました」

　TBAの所在地は、はるかに騒音や汚染の届かないところ、アマティタン峡谷の底に位置している。自然の地形がつくりだす微気候によって、一年間を通じて一定の品質を保証でき

PREMIUM TEQUILA

1 こだわりのマンポステリーア   2 3 外より涼しい温度が保たれる石造りの壁の中で、静かに熟成されている

る場所だ。水は純粋な温泉水を使っているため、絶妙なテキーラのアガベの風味と香りの純度が反映されている。

　また、調理するためのアガベの石釜への移動や、ミルから搾り出したアガベのジュースの発酵タンクへの移動や、谷の最低地にある蒸溜器を埋めるために、自然な斜面が利用されている。その結果、機械を使うことなく、純粋な環境で安定性の高いプレミアムテキーラがつくられているのである。

　ドン・フェルナンド、ミ・ティエラ、アモルシートとコラソン・デ・アモレスなどのテキーラブランドがつくられている。

アマティタン峡谷の懐に抱かれているような蒸溜所。
マイクロクライメイト(Microclimate=微気候)によって安定した生産ができる

I プレミアムテキーラを知る

> アマティタン地区

AMORCITO
アモルシート
バランカ・デ・アマティタン蒸溜所

アルコール度数： 38%
内 容 量： 750mℓ
製 造 元： テキレラ・デ・ラ・バランカ・デ・アマティタン
可変資本株式会社
Tequilera de la Barranca de Amatitan, S.A. de C.V.

所 有 者： テキーラス・セレクトス・デ・ハリスコ
可変資本株式会社
Tequilas Selectos de Jalisco, S.A. de C.V.

NOM：1473　DOT：190
問い合わせ先： 日本食品流通株式会社

ロマンティックな愛のハート

> アニエホ

アメリカンオークとフレンチオークの樽に入れて、18か月間熟成させる。まろやかでフルーティーな風味が特徴だ。特に、テキーラはストレートでという本物志向の人々を満足させるに違いない。ボトルは赤の吹きガラス製で、支える台はまるで銀仕上げのようなタッチ。

PREMIUM TEQUILA

ロスアルトス地方で栽培されたアガベを使ってつくられるプレミアムテキーラだ。

ブランコは香り・味ともバランスのとれたミディアムボディ。アニェホはアメリカンオークとフレンチオークで18か月熟成し、綺麗な金色で、バニラやキャラメルのようなアロマと上品で滑らかな口当たりである。

箱側面の絵をご覧いただきたい。アガベ畑にジャガーの絵が描いてある。マヤ文明によると、戦士が、愛している者のために戦って死んだあと、ジャガーに生まれ変わるとされている。この伝説にしたがって、アモルシートのボトルはハート(心臓)の形をしているが、ボトルを支えている台は、ジャガーの足を模している。

アモルシートは海外向け商品で、メキシコではコラソン・デ・アモレス(Corazon de Amores=愛のハート)として販売されているが、どちらも同じものであり、バランカ・デ・アマティタン(TBA)蒸溜所がつくっている。

ハート形の優雅で魅惑的なボトルと化粧箱はゴージャスな雰囲気が漂い、記念日などの贈り物にふさわしい。大切な人との語らいといった至福の時間に堪能してほしいテキーラである。

ブランコ

ボトルは青の吹きガラス製、首にさがる「Tequila AMORCITO」の圧印加工したロゴタイプ付きのタグも美しい。

アガベ畑の中にいるジャガーのリトグラフは、愛とマヤ文明の象徴と、勇敢な戦士が戦で死ぬとジャガーに変身する伝説をデザインしたもの。

I プレミアムテキーラを知る

> アマティタン地区

mi Tierra
ミ・ティエラ
バランカ・デ・アマティタン蒸溜所

アルコール度数：	38%
内容量：	750mℓ
製造元：	テキレラ・デ・ラ・バランカ・デ・アマティタン可変資本株式会社 Tequilera de la Barranca de Amatitan, S.A. de C.V.
所有者：	テキレラ・デ・ラ・バランカ・デ・アマティタン可変資本株式会社 Tequilera de la Barranca de Amatitan, S.A. de C.V.

NOM：1473　DOT：190
問い合わせ先：　日本食品流通株式会社

丸く愛らしいボトルに
伝統の味わい

> アニエホ

ホワイトオークで1年寝かせた香り豊かでバランスの取れたアニエホ。高輝度と調和のとれたボディに強烈な琥珀色をしている。味覚には、木材の特性とやわらかいアガベの味がバランスよく現れる。

PREMIUM TEQUILA

アマティタン地区の大地で育ったアガベを使用したプレミアムテキーラ。ボトルはアガベの茎"ピニャ"をイメージしたデザインだ。

メーカーのレシピは100年物で、伝統を守っているブランドである。敷地内に湧き出る水を使い、伝統の石釜で35時間蒸し、発酵させたモストを2回蒸溜している。ラベルには、しゃれたレプハドアートのものを使っている。

アメリカではテキーラのレビューを発表している会社が多いが、これらの結果をのぞいてみると、味と価格のバランスに優れたテキーラとされている。

ブランコはクリアでフルーティー、レポサドはフランス産のホワイトオーク樽で9か月熟成させたミディアムボディ、アニェホは1年熟成させたもの。芳醇な味わいはストレートで味わうのがおすすめだ。

ブランコ

石の釜で35時間蒸し、3～4日間発酵させたモストを2回蒸溜した、クリアでフルーティーな飲みやすさだ。

レポサド

9か月間フランスのリムーザンホワイトオークの樽で熟成させたミディアムボディのレポサド。透明でクリアな麦わら色の輝きは、わずかに緑色フラッシュも表す。

I　プレミアムテキーラを知る

エル・アレナル地区

4 copas
クアトロ・コパス
ラ・ケマダ蒸溜所

アルコール度数：	40%
内　容　量：	750ml、50ml
製　造　元：	コンパニア・テキレラ・ラ・ケマダ可変資本株式会社 Compania Tequilera la Quemada, S.A. de C.V.
所　有　者：	コンパニア・テキレラ・ラ・ケマダ可変資本株式会社 Compania Tequilera la Quemada, S.A. de C.V.

NOM：1457　DOT：172
問い合わせ先：　えぞ麦酒株式会社

世界で初めてのオーガニックテキーラ

アニエホ

副原料、添加物は一切使用せず、ていねいに焦がしたアメリカンオーク樽で熟成された本物の味わい。このテキーラには全てのスコッチウイスキー、コニャック愛好家も心を奪われるかもしれない。一度味わったら病み付きになること間違いなし。

PREMIUM TEQUILA

　クアトロ・コパスは、世界で初めてのオーガニックテキーラとして発表された。メーカーによると、テキーラの生産に使っているアガベは、オーガニックのUSDA認証済みで、製造工程にも一切化学製品を使っていないようである。それがラ・ケマダ（La Quemada）という蒸溜所である。アガベを10年成長させて、蜜がピークに達するころ収穫する。発酵においても同様に、ほかのオーガニック植物からイーストを得て、自然発酵させている。

　1996年にハリスコ州のエル・アレナル地区で設立されたラ・ケマダは、伝統的な手芸品の現地製造をサポートしており、社会的貢献をしている企業だ。しかし、もちろん、テキーラの生産が主な役割である。

　このブランドの成長を見ると、特にアメリカでは、2005年と2006年のサンフランシスコ・ワールド・スピリッツ・コンペティションでメダルを受賞しているほか、2006年には、アメリカのワイン専門誌『Wine&Spirits』誌が世界のベストリカーを発表した際、クアトロ・コパスがそのブランドのひとつであると宣言している。

ブランコ

まさにアガベの味そのもの。ブルーアガベは収穫前にオーガニックであることと、糖度を検査されたものだ。レモンやライム、ペッパーの感じが特徴である。良いものを使う大切さ、生産過程において全ての不純物を取り除いたこのブランコは、純粋さゆえに評論家やシェフたちの心を掴んでいる。

レポサド

焦がしたアメリカンオーク樽で9か月熟成させたレポサド。2006年度『Wine&Spirits』誌で発表された世界トップ5スピリッツリストの中で唯一のテキーラがこれだ。蜂蜜、マカデミアナッツのような特徴とオーク樽の刺激的な味わいは、今までに味わった中で最高のテキーラかもしれない。

I プレミアムテキーラを知る

サポパン地区

CHAMUCOS
チャムコス

プレミアム・デ・ハリスコ蒸溜所

アルコール度数：	40%
内 容 量：	750mℓ
製 造 元：	プレミアム・デ・ハリスコ可変資本株式会社 Premium de Jalisco, S.A. de C.V.
所 有 者：	プレミアム・デ・ハリスコ可変資本株式会社 Premium de Jalisco, S.A. de C.V.

NOM：1558　DOT：273
問い合わせ先：デ・アガベ株式会社

小悪魔たちの遊びからはじまったテキーラ

アニェホ

滑らかなやや甘口。ドライフルーツ、レーズン、アーモンド、バニラ、チョコレートのような味わい。全てがここにある。

PREMIUM TEQUILA

14年の歴史を持つテキーラ・チャムコス。当初からこのテキーラは創造的で、ほかとは違ったオリジナリティー溢れる商品でありたいとの思いがあった。そして、映画監督のアントニオ・ウルティア、有名な漫画家ホセ・ルイス・バラデス、若手企業家セサル・エルナンデスの3人により、芸術的なラベルが誕生した。小悪魔が飛びまわるオリジナリティーあるイラストは、見ているだけで楽しい気分になれる人間味に溢れているデザインである。

　はじめは3人が、「友達の輪で何か分かち合う」ために、この商品をつくったのだという。だがおもしろいことに、この遊びのようなはじまりが、真剣に会社を設立するという結果になったのだ。そして、徐々にマーケットの注目を浴びるようになっていった。

　ロスアルトス地方で育つ上質のアガベを原材料にしている。

ブランコ
可愛らしい小悪魔たちのイメージに合った、サラッとした辛口の味わい。

レポサド
ホワイトオーク樽で8か月熟成。ペッパーのスパイスも楽しめる美味しさ。

I プレミアムテキーラを知る

グアダラハラ地区

Herencia de Plata
エレンシア・デ・プラタ

テキーラス・デル・セニョール蒸溜所

アルコール度数：	38%
内容量：	750ml
製造元：	テキーラス・デル・セニョール可変資本株式会社 Tequilas del Señor, S.A. de C.V.
所有者：	テキーラス・デル・セニョール可変資本株式会社 Tequilas del Señor, S.A. de C.V.

NOM：1124　DOT：97
問い合わせ先：　株式会社グローバル・コメルシオ

メキシコの熱い太陽で育てられたテキーラ

レポサド

すっきりとした甘みをあわせ持つ、バランスのとれた黄金色の美しい逸品。幅広い方々に好まれる味。

PREMIUM TEQUILA

英国王室にその品質のすばらしさが認められたテキーラのブランド。2002年、英国女王エリザベス二世が当時のメキシコ大統領を招いた晩餐会で、乾杯のために3つのタイプの中から選ばれたのはアニェホである。まさにメキシコを代表するテキーラである。

プレミアムらしい特徴が目立つ美しいクリアな色、黄金色やフレッシュな風味など、好みに合わせてタイプが選べる。ビバレッジテイスティング協会では、2002年「レポサド」部門の「ベスト・スピリッツ賞」に輝いた。

最高級のアガベでつくられており、自信をもって勧めたい。

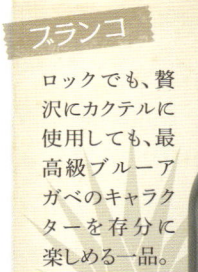

ブランコ
ロックでも、贅沢にカクテルに使用しても、最高級ブルーアガベのキャラクターを存分に楽しめる一品。

アニェホ
英国王室によって選ばれるという大変な名誉を授かったテキーラ。テキーラ初心者の方にも自信をもって勧めたい。

Herencia Historico "27 de Mayo"
エクストラ・アニェホ

エレンシア・イストリコ 27デマヨ　アルコール度数：40%

ベルギーのブリュッセルにてEUとメキシコの代表がテキーラの原産地呼称制度に関する条約に調印した日（5月27日）を記念してつくられたテキーラ。シェリー酒に使用された100個のオーク樽がスペインのヘレス・デ・ラ・フロンテラより輸入され、一樽に500リットルの厳選されたブルー・アガベ100%テキーラが注がれた。まさにヨーロッパとメキシコの融合の産物と言っても過言ではない。熟成されたシェリー酒とブルー・アガベ100%テキーラの新たな融合に成功し、今までになかったまろやかな風味と芳醇な香りが生み出された。

I プレミアムテキーラを知る

グアダラハラ地区

Reserva del SEÑOR
レセルバ・デル・セニョール

テキーラス・デル・セニョール蒸溜所

アルコール度数：	40%
内容量：	750mℓ
製造元：	テキーラス・デル・セニョール可変資本株式会社 Tequilas del Señor, S.A. de C.V.
所有者：	テキーラス・デル・セニョール可変資本株式会社 Tequilas del Señor, S.A. de C.V.

NOM：1124　DOT：97
問い合わせ先：　株式会社グローバル・コメルシオ

ルックスも味わいも
上品で甘く柔らか

アニェホ

iTQi（International Taste & Quality Institute）で2008年最優秀賞3つ星を獲得。熟成期間の香りと甘さがうまいバランスの取れた一品。

PREMIUM TEQUILA

　テキーラの産地メキシコ・ハリスコ州の中でもアガベ栽培にもっとも適した地域に畑を有するテキーラス・デル・セニョール社。標高が高く、火山質の赤土のもとで成長したブルーアガベは糖分が豊富で、最良のテキーラ原料となる。

　「レセルバ・デル・セニョール」シリーズは、最高級のブルーアガベを贅沢に使用したアガベ本来の持つ上品な甘みが特徴だ。重厚な手づくりのメキシカンガラスのボトルは、気品と高級感に溢れている。

　1943年にドン・セサル・ガルシア（Don Cesar García）氏がハリスコ州グアダラハラ市に創設した会社だ。ボトリングまでここで行っている。日々伝統を守り、繊細で高品質のテキーラが生産されている。伝統の蒸溜技術を守り続け、レポサドとアニェホ はホワイトオークの新樽で時間をかけて寝かせ、アガベ100％テキーラの中でもさらに優れた味をつくり出している。

　世界中で数々の名誉ある賞を受賞するなど、品質の面でも非常に評価が高い。

ブランコ
フルーティーでアガベ独自の上品な甘みが特徴。

レポサド
2003年のサンフランシスコ・ワールド・スピリッツ・コンペティションでダブルゴールドメダルに輝いた。

I　プレミアムテキーラを知る

　　テパティトラン地区

AGV400

AGV400

サン・イシドロ蒸溜所

アルコール度数：	40%
内容量：	750㎖
製造元：	インドゥストリアリサドラ・デ・アガベ・サン・イシドロ可変資本株式会社 Industrializadora de Agave San Isicro, S.A. de C.V.
所有者：	アシエンダ・デ・ロス・ゴンサレス可変資本合同会社 Hacienda de los Gonzales, S. de R.L. de C.V

NOM：1420　DOT：134
問い合わせ先：デ・アガベ株式会社

女神マヤウエルとアガベそのものがテーマ

レポサド

シルバーがかったゴールド色。ホワイトオーク材の樽で6か月間ひっそりと熟成させることにより、風味が徐々に変化していく特徴がさりげなくうかがえる。バニラとオレンジの控えめながらも明確な香りによって、高品質で良いボディのテキーラに仕上がっている。独特の風味と長く続く口当たりの良さが特徴。2010年サン・フランシスコ・ワールド・スピリッツ・コンペティションでゴールドメダルをダブル受賞。

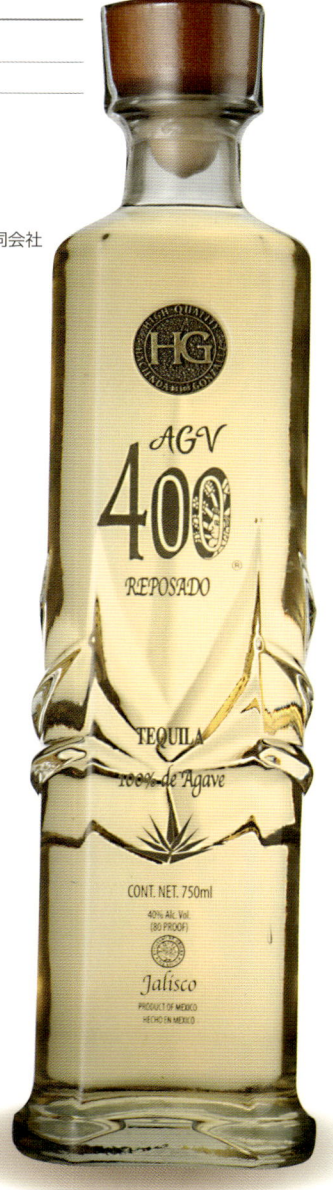

PREMIUM TEQUILA

　AGVはテキーラの原料の植物であるアガベ（Agave）を意味するスペイン語の略語である。また400という数字は、私たちメキシコ人のルーツと、400の乳房で400羽のセンツォン・トトチティンという子ウサギに乳を与えたという女神マヤウエルの神話に由来している。そしてこの数字は、アステカ族にとって魔法の数字であり、アステカ法典において莫大さ・豊かさを意味する神秘的なものになった。

　ボトルは、さまざまな種類の塩と1,600℃以上にもなる石釜との相乗効果を利用して、職人たちがボトルになるガラスの大きな雫を手作業で抽出する。そこから1本1本ていねいに形を整えている。まさに100％の手作業のため、このボトルは2つとして同じものがない「ユニークな形状」をしているのである。

　このメーカーのアガベは、ハリスコ州のハイランド（高地）に位置するテパティトランで栽培されている。この地の赤土と年平均気温が19℃という、恵まれた気候によって育まれるアガベの生育には8年以上の期間を要する。

　アガベを昔ながらの石釜で蒸して、独自の蒸溜を2回行ったあとに、特許を取得した門外不出の工程が続く。でき上がるテキーラはどこまでもピュアな品質に裏付けられた芳香と独特な風味が特徴である。

ブランコ

透明でどこまでもピュアなこのテキーラは、輝くシルバーカラーを放ち、絶妙な芳香とミントとブラックペッパーのさりげないながらも大胆なトーン。若いテキーラに典型的なミドルボディだが、しっかりとした主張のある風味とフレッシュな口当たりの良さが残る。

アニエホ

複雑でしっかりとした味わいは、優れた熟成を確保するために厳選したホワイトオーク材の樽で18か月もの間じっくりと熟成させて得られるものだ。そのため、微妙なフルーツのトーン、とりわけグレープフルーツ、レモンやバニラの香り、やや辛口にしてしっかりとしたボディを持つ。

Ⅰ プレミアムテキーラを知る

アランダス地区

El Tesoro de Don Felipe
エル・テソロ

ラ・アルテニャ蒸溜所

アルコール度数：	40%
内容量：	750ml
製造元：	テキーラ・タパティオ可変資本株式会社 Tequila Tapatio, S.A. de C.V.
所有者：	ジム・ビーム・ブランズ社 Jim Beam Brands Co.

NOM：1139　DOT：101
問い合わせ先： えぞ麦酒株式会社

加水せず、必要度数になるように工夫されたテキーラ

レポサド

芳醇な贅沢さの中に木樽の香りが微弱に感じ取れる。「休ませた」という意のレポサドは通常2か月熟成させるが、このレポサドはそれよりも長く11か月の熟成。オーク樽で寝かされたこのテキーラはアガベの香りを超えた芳醇さを感じられる。

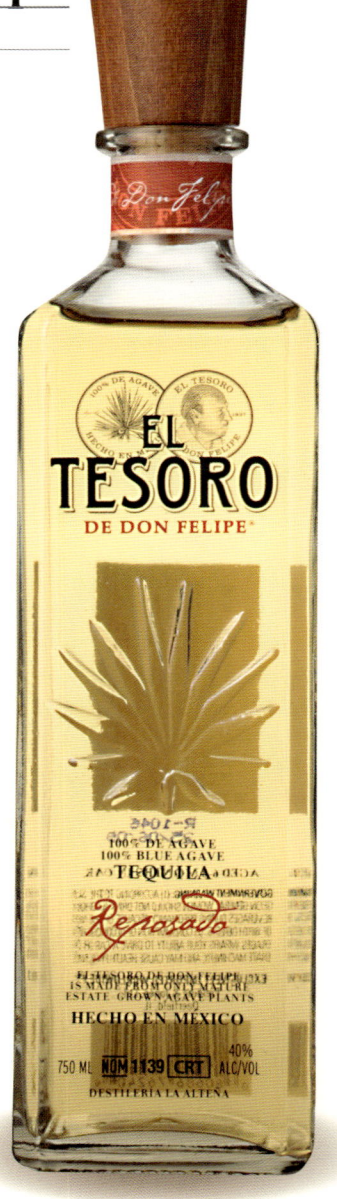

PREMIUM TEQUILA

　ドン・フェリペ・カマレナ（Don Felipe Camarena）氏のエル・テソロ（El Tesoro＝宝）は、200年以上続く古い家族の伝統を代表している。1937年にドン・フェリペ氏は、ハリスコ州の山岳地域でラ・アルテニャ（La Alteña）蒸溜所を設立した。現在、カルロス・カマレナ（Carlos Camarena）氏が蒸溜工程のマスターであり、蒸溜担当として彼が3世代目だが、元々彼の家族は5世代にわたって、テキーラをつくってきた。

　エル・テソロでは、苦味の成分を残すと思われているアガベのコゴヨを切り抜く習慣がある。また、マンポステリーア釜を使い、アガベの汁を搾るのにはいまだにタオナを利用している。自然発酵にこだわって、蒸溜の段階から加水せず、ちょうど必要なアルコール度数になるように工夫されている。エル・テソロのすべての工程は手づくりで、伝統を守り励んでいる。このブランドのメインのヒマドールはギジェルモ（Guillermo）氏という、40年のヒマ経験の持ち主である。

　四角いボトルはアメリカ向けで、丸いボトルがメキシコ国内のデザイン。

ブランコ

澄みきって透明、とてもスムーズ。アガベの一番甘い部分だけしか使用せず、新鮮な風味を醸し出すため、蒸溜後24時間以内にボトリングされている。

アニェホ

とてもバランスのとれた味わい。あるテキーラ評論家はこのアニェホは世界に誇れる素晴らしいテキーラのひとつと評する。アニェホは最低1年熟成させなければならないが、これは2年から3年オーク樽で熟成させる。ブランデーグラスで楽しむのもいいだろう。

I プレミアムテキーラを知る

アランダス地区

El Tesoro de Don Felipe
Paradiso

エル・テソロ **パラディソ**

ラ・アルテニャ蒸溜所

- アルコール度数： 40％
- 内 容 量： 750mℓ
- 製 造 元： テキーラ・タパティオ可変資本株式会社
  Tequila Tapatio, S.A. de C.V.
- 所 有 者： ジム・ビーム・ブランズ社
  Jim Beam Brands Co.
- NOM：1139　DOT：101
- 問い合わせ先： えぞ麦酒株式会社

エル・テソロの2つの宝物

エクストラ・アニェホ

その名もパラダイス。これはとてもめずらしく100％ブルーアガベ使用のテキーラをコニャック樽で5年熟成させている。非常に魅惑的で風味の良い逸品に仕上がっている。

この2本のボトルは、「エル・テソロ・デ・ドン・フェリペ」の特別な製品である。エル・テソロの意味は、"フェリペ氏の宝物"。

パラディゾ（天国という意味）は、カルロス・カマレナ氏 とコニャックの有名ブランドFussigny Cognacのアラン・ローヤ（Alain Royer）氏の2人が設計した、いくつかのアガベ100%テキーラをブレンドした特別な商品なのである。熟成はコニャック樽を使用し、5年間寝かせたもの。

一方、アニベルサリオ（記念という意味）は、カルロス・カマレナ氏が2000年に収穫したアガベで、37%というこれまでで最も糖分の多いアガベが使われている。このテキーラは、アメリカンオークのバーボン樽に7年間も熟成したものである。エル・テソロの70周年記念を目指して、2007年7月7日に完成したものだ。

El Tesoro de Don Felipe
70th Aniversario エクストラ・アニェホ

エル・テソロ 70周年

2000年に収穫されたアガベでつくられた。通常アガベの糖分は30%から33%なのだが、この年のアガベは37%もの糖分があった。その高糖度のアガベでつくられたテキーラを7年アメリカンオークのバーボン樽で熟成させ、70周年を迎えた2007年にボトリングした。とても希少価値の高いエクストラ・アニェホである。チョコレートやバニラ、オーク樽の風味を強く感じられる。2007本だけの限定出荷で、入手困難のコレクターズアイテムである。

I プレミアムテキーラを知る

> アランダス地区

TAPATIO
タパティオ

ラ・アルテニャ蒸溜所

アルコール度数：	40%
内容量：	750ml、50ml
製造元：	テキーラ・タパティオ可変資本株式会社 Tequila Tapatio, S.A. de C.V.
所有者：	テキーラ・タパティオ可変資本株式会社 Tequila Tapatio, S.A. de C.V.

NOM：1139　DOT：101
問い合わせ先：えぞ麦酒株式会社

グアダハラの伝統そのもの

> ブランコ
>
> 強烈なアタックのあとに心地よい刺激があり、自然なアガベの香りがたつ。甘い花のような香りの中に薫香も感じられる。

PREMIUM TEQUILA

タパティオは、ハリスコ州の高地ロスアルトス地方アランダス地区で、当初の伝統にしたがってつくられている。アニェホにはアメリカンオークのバーボン樽を使っている。

エル・テソロと同じラ・アルテニャ蒸溜所でつくられていて、70年以上の歴史を持っているドン・フェリペ・カマレナ氏が設立した蒸溜所である。

タパティオという言葉は、ハリスコ州グアダラハラ出身の男を表す言葉だ。同様にタパティアは、グアダラハラで生まれた女性のことを指す。したがって、このブランドはハリスコ州の伝統的なものという意味も持っている。

100年前から、代から代へ伝わってきた伝統的な手づくりの方法にこだわっている。

レポサド

強いアガベの香りの中にバニラ、カラメルがほどよく感じられる。余韻はレモン、ペッパー風味に似た感じが残る。

アルコール度数：
38％

アニェホ

一度バーボンの熟成樽に使用したアメリカンオーク樽で18か月熟成。強めなアタックに芳醇なアガベの香りが柑橘と薫香の中に感じられる。全ての要素がバランスよく仕上がっている。後味にアガベの風味が口の中に広がる。

アルコール度数：
38％

I プレミアムテキーラを知る

> アランダス地区

SUPER T
スーパー・ティー

スプレマ・デ・ロス・アルトス蒸溜所

アルコール度数：	35%
内容量：	700mℓ
製造元：	デスティラドラ・スプレマ・デ・ロス・アルトス可変資本株式会社 Destiladora Suprema de los Altos, S.A. de C.V.
所有者：	エンリケ・アウグスティン・オノフレ・オルティス，コロンビア・カタリナ・コルドバ・エストラダ Jose Rigoberto Peña Rubio, Enrique Agustin Onofre Ortiz y Columbia Catalina Cordova Estrada

NOM：1528　**DOT**：243
問い合わせ先： デ・アガベ株式会社

気軽な
カクテルに最適

> ブランコ

比較的低価格のため、アガベ100％テキーラのおいしさとカクテルをつくるときのコストパフォーマンスが気になるなら、お勧めのテキーラ。

PREMIUM TEQUILA

　スーパー・ティーおよび、ラ・カバ・デル・マヨラルは同じスプレマ・デ・ロス・アルトス蒸溜所（Destiladora Suprema de Los Altos）のブランドである。これらのブランドは低価格でありながら、素晴らしい味わいを実現している。

　確定はできないが、「スーパーテキーラ」をつくろうと思ってこの名前を与えられたのであろうか？　あいにく、公開されている情報がほとんどないのである。

　ボトルのどっしりとした横に長めの、奥行きの短い形も特徴的。日本に入ってきているほかのテキーラと比べると、容量はめずらしく750mlではなく、700mlである。キャップはスクリューできるNRキャップだ。味は少しドライタイプ、アルコール度数は35％に抑えられている。

　初めてテキーラを楽しもうという人に、ストレートでも、カクテルでも、気軽に勧められるだろう。

レポサド
ストレートでもよし、テキーラの味を強調し過ぎないのでカクテルにもよしだ。

アニエホ
度数も、味も、香りも抑え目で飲みやすい。

アランダス地区

LA CAVA DEL MAYORAL
ラ・カバ・デル・マヨラル

スプレマ・デ・ロス・アルトス蒸溜所

アルコール度数：	38%
内 容 量：	750mℓ
製 造 元：	デスティラドラ・スプレマ・デ・ロス・アルトス可変資本株式会社 Destiladora Suprema de los Altos, S.A. de C.V.
所 有 者：	デスティラドラ・スプレマ・デ・ロス・アルトス可変資本株式会社 Destiladora Suprema de los Altos, S.A. de C.V.

NOM：1528　DOT：243
問い合わせ先： デ・アガベ株式会社

やわらかい
バニラの香り

レポサド

バーボン樽で平均8か月熟成。やわらかい味のため、幅広く好まれるタイプ。

PREMIUM TEQUILA

　このブランドの名前の意味は「市長のセラー」である。デスティラドラ・スプレマ・デ・ロス・アルトス社は、ロスアルトス地方にあるアランダス地区から約20分のところにあるヘスス・マリア（Jesus Maria）地区にある小さな家族経営の会社である。

　ロスアルトス地方には鉄分が豊富なため、土壌は赤い。この赤みのある土壌で育てられたアガベは非常に甘く、ジューシーである。その特徴を保つため、ラ・カバ・デル・マヨラルは2回のみ蒸溜する。そして熟成のプロセスに必要な樽の木材も厳選している。

　ボトルの背は低く、厚みのあるもので、丸みに高級感を感じさせられる。木のキャップに合成プラスチックのコルク。

　アルコール度数は海外では40％だが、日本に輸入されるものは38％になっている。

ブランコ
約1か月オーク樽で休ませたもの。強調しすぎない、やわらかい味が特徴。

アニエホ
バーボン樽で14か月熟成。中間的な味わいのため、飲みやすいテキーラである。

I プレミアムテキーラを知る

> アランダス地区

Gran Dovejo
グラン・ドベホ

フェリシアーノ・ビバンコ・イ・アソシアドス蒸溜所

アルコール度数：	38％
内容量：	750㎖
製造元：	フェリシアーノ・ビバンコ・イ・アソシアドス 可変資本株式会社 Feliciano Vivanco y Asociados, S.A. de C.V.
所有者：	J. ヘスス・ベネガス・メンデス J.Jesus Venegas Mendez

NOM：1414　DOT：129
問い合わせ先： 有限会社ソルグランデ

高級感あふれる
ボトル

> アニエホ
>
> 1年以上バーボン樽で熟成させる。蒸溜担当のレオポルド・ソリス・ティノコ氏がボディとアロマを厳しく管理している。

グラン・ドベホは伝統的に細工された小ロットでつくられるテキーラである。最高のシングルエステートのブルーアガベを100％使用し、ビバンコ（Vivanco）一家によってハリスコ州の美しい高地でつくられている。ビバンコ一家は、5世代以上にわたってこの地域で最高のリュウゼツランを生産している。

調理はマンポステリーア（レンガ）の釜で、36時間も蒸し上げる。発酵には、シャンパンの酵母を使用し、発酵が進んでいる間はより美味しいモストができるように音楽を流し聴かせている。最後は、銅の蒸溜器を使用し、2回蒸溜する。蒸溜のプロセスは、26年以上の経験を持った、レオポルド・ソリス・ティノコ（Leopoldo Solis Tinoco）氏というベテランが管理している。

ブランコ

アガベをじっくりと36時間もレンガの釜で蒸すため、かなり深みのあるテキーラである。

レポサド

6か月から9か月かけてアメリカンホワイトオークの樽で熟成。

I プレミアムテキーラを知る

アランダス地区

PUEBLITO
プエブリート

テキーラ・デ・アランダス蒸溜所

アルコール度数：	38%
内 容 量：	750mℓ
製 造 元：	プロダクトレス・デ・テキーラ・デ・アランダス可変資本合同会社 Productores de Tequila de Arandas, S. de R.L. de C.V.
所 有 者：	ヘスス・アダルベルト・ボジャイン,ゴイティア Jesus Adalberto Bollain y Goytia

NOM：1505　DOT：219
問い合わせ先：有限会社ソルグランデ

バロック音楽が
しみ込んだ気品ある味

ブランコ

テキーラ・プエブリートが丹精込めた自慢の銘酒。アガベを蒸して搾った時に発する香りとテキーラ本来の力強さが特徴。パンチのある男のテキーラ。

PREMIUM TEQUILA

　スペイン語で小さな村という意味のプエブリートは、カサ・ゴイティア（Casa Goytia）社のテキーラだ。このメーカーは、メキシコ伝統スポーツのチャレアーダを主宰している。

　このテキーラをつくるのに、アガベの株のヘッドとテイルを切り除いて、アガベのコラソン（心臓部）のみ使用するようである。この部分にアガベのもっとも甘い蜜が集中しているからだという。

　低温で8〜10日間かけてじっくり発酵させ、その際にバロック音楽を聴かせることによって、よりマイルドな味に仕上がるようつくっている。レポサドの熟成は、ホワイトオークの新樽を使用している。これによってレポサドは6種以上のアロマの香りと、味に雑味がなく爽やかな飲み口となるようだ。また、ブランコはストレートなテキーラの味わいとなりアガベジュースの香りと甘味が引き立ち、爽やかな飲み口に仕上がる。

　中身がはっきりと見える透明なボトルは新鮮で、クリア感が伝わってくる。

レポサド

色は輝く黄金色。トップノートは新鮮なフルーツ、ミルクのアロマが心地よく香る。そして味わいはコクのあるバターを連想させる。ゆっくりと舌の上で楽しみながら飲みたい。優しく口の中に残る余韻も感動的。

I プレミアムテキーラを知る

アランダス地区

AHA TORO
アハ・トロ

ATPC蒸溜所

アルコール度数：	40％
内 容 量：	750mℓ
製 造 元：	アガベ・テキラナ・プロダクトレス・コメルシアリザドレス可変資本株式会社 Agabe Tequilana Productores y Comercializadores, S.A. de C.V.
所 有 者：	デスティラドス・オレ可変資本株式会社 Destilados Ole, S.A. de C.V.

NOM：1079　DOT：118
問い合わせ先：　ボニリジャパン株式会社

AHA TORO DIVA
アハ・トロ ディーバ

その名のとおり
女性のために
つくられたテキーラ

ブランコ

ブランコテキーラを短期間、赤ワインに使用された樽で熟成。香りは、ワインや柑橘系の、フレッシュで上品な香り。口にはマイルドでやわらかな甘みが広がる。ストレートかロックがお勧め。

PREMIUM TEQUILA

　スペイン語で「アハ・トロ」は、闘牛士が対峙した牛にかける掛け声である。闘牛士が牛を自分の赤いカパ（capa＝マント）に突撃させるため、するどくかけ声を飛ばす。

　しかしこのテキーラブランドの場合は、逆の意味を持っている。聞くところによると、このテキーラのアガベ畑に、アガベが大好物の勇気に溢れた雄牛（トロ）が現れていた。アガベを食べるとはけしからんと思った農民たちが、雄牛を追い出そうとして、「アハ・トロ、この雄牛め、あっちへ行け！」と大声を張りあげて追い出していた。しかし、雄牛はあまりにもアガベが大好きで、なかなか食べるのをやめられない。しかたなく農民たちは、結果的に雄牛を柵で囲んでアガベから離すしかなかった。このアガベの大好きな雄牛のことを思って、アハ・トロというテキーラが生まれたわけである。

ブランコ
アガベを搾るのにタオナを使用している蒸溜所でつくられている。フレッシュなアガベの香りと奥深い複雑な味が楽しめる。

レポサド
繊細な香りと琥珀色の美しさは評価が高い。

アニエホ
1年以上バーボンに使用された樽で熟成。スムースでデリケートな香りが特徴。

I プレミアムテキーラを知る

アランダス地区

Chile Caliente
チリ・カリエンテ

ATPC蒸溜所

アルコール度数： 40%
内容量： 750ml
製造元： アガベ・テキラナ・プロダクトレス・コメルシアリザドレス可変資本株式会社
Agabe Tequilana Productores y Comercializadores, S.A. de C.V.
所有者： デスティラドス・オレ可変資本株式会社
Destilados Ole, S.A. de C.V.

NOM：1079　DOT：118
問い合わせ先： ボニリジャパン株式会社

滑らかな
舌ざわりと余韻

アニエホ

とうがらしの形をしたボトルが特徴。1年以上バーボン樽で熟成。

PREMIUM TEQUILA

所有者のデスティラドス・オレ（Destilados Ole）社はマサトランにあり、かなり長い歴史を持っている。独自のアガベ畑を持っているので、自由にアガベの選別ができることが大きな売りだ。

19世紀後半、創立者のドン・ペドロ・カマレナ（Don Pedro Camarena）氏はロスアルトス地方のパイオニアの1人だったようである。ヘスス・マリア（Jesus Maria）地区のアクンバロ（Acumbaro）村に、その地域の最初の蒸溜所を設置した。ATPC蒸溜所では、ほかにアハ・トロや Amigo bf4e といったブランドもつくられている。

チリ・カリエンテはその名前のとおり、ホットなとうがらしの形をしている。スペイン語でChileはとうがらし、Calienteは熱いという意味だ。ボトルはひとつひとつ手でつくられており、よく見るとものによって、微妙に形が違うものもある。おしゃれなボトルで飲み終わったあとはインテリアとして飾るのも楽しい。

ブランコ

フレッシュで香りは控えめ、ブランコとしては味がやわらかく、少し甘い。アルコール度数40％と感じさせない飲みやすさ。

レポサド

フレッシュさと熟成の複雑さを兼ねそなえている。1本1本の形の違いに、一層愛着が増しそうだ。

I プレミアムテキーラを知る

> アトトニルコ地区

Don Julio
ドン・フリオ

ドン・フリオ蒸溜所

アルコール度数 ：	38%
内 容 量 ：	750ml
製 造 元 ：	テキーラ ドン・フリオ可変資本株式会社 Tequila Don Julio, S.A. de C.V.
所 有 者 ：	テキーラ ドン・フリオ可変資本株式会社 Tequila Don Julio, S.A. de C.V.

NOM： 1449　DOT： 163
問い合わせ先： キリンビール株式会社

世界に浸透するテキーラ

> **アニエホ**
>
> 小さいバーボン樽で最低1年半熟成させる。口当たりの良いワインのような味わいで、すっきりとした辛口、かすかに天然蜂蜜の甘さがある。口当たりは柔らかく、まろやかでコクがある。

PREMIUM TEQUILA

ドン・フリオを語る上で、創始者ドン・フリオ・ゴンザレス・エストラーダ（Don Julio Gonzales Estrada）なしでは語れない。1942年に弱冠17歳にして最初の蒸溜所を所有しテキーラ製造をスタートさせる。もともとトレス・マゲイヤス（Tres Magueyes）を製造していたが、ドン・フリオが体調を崩した際に快気祝いの席で、特別なテキーラをゲストに振る舞った。それがあまりにもおいしく話題となり、自らの名前を冠した「ドン・フリオ」として商品化することになったのが誕生秘話となっている。"手づくり"にこだわり、アガベ栽培から樽熟成まで全工程に入念な注意を払い、多くのほかのテキーラに見られる典型的な苦味を取り除き、高い品質と驚くほどなめらかな味わいを実現した逸品。

ドン・フリオの背の低いボトルは、実は創始者ドン・フリオ・ゴンザレス・エストラーダの心遣いから生まれたもの。テーブルに置いた際に背の高いボトルだと相手の顔が見えにくい。会話を最大限楽しむため、相手の顔がよく見えるよう

next ➝

レポサド

通常2か月でレポサドになるが、小さいバーボン樽で8か月熟成。柔らかなドライフルーツやチョコレート、ナッツ、スパイス等の香りがミックスした風味となめらかな口当たりで、コクがあるがさっぱりとした味わい。

I プレミアムテキーラを知る

アトトニルコ地区

Don Julio 1942
ドン・フリオ 1942

ドン・フリオ蒸溜所

アルコール度数：	38%
内容量：	750mℓ
製造元：	テキーラ ドン・フリオ可変資本株式会社 Tequila Don Julio, S.A. de C.V.
所有者：	テキーラ ドン・フリオ可変資本株式会社 Tequila Don Julio, S.A. de C.V.

NOM：1449　DOT：163
問い合わせ先：　キリンビール株式会社

記念すべき日に飲んでほしい名人の味

アニエホ

創設60周年を記念してつくられた。厳選されたブルーアガベを使い、特別小さな蒸溜器で時間をかけて蒸溜を行う。熟成もバーボン樽で2年～2年半行う。非常にまろやかで、さらにバニラやトフィーの風味を思わせ、アガベの甘い香りがある。

にと背の低いボトルがつくられた。この形状は「ドン・フリオ」から始まったと言われている。

　ドン・フリオに使われるブルーアガベは、自然に育つのに十分な間隔で植えられるので、葉全体に太陽光があたることで糖度の高いブルーアガベが育つ。芯の硬い部分コゴヨ（Cogollo）を残したままだと、最終的にテキーラとなった時の苦味や雑味のもととなってしまう。ドン・フリオはこの部分を手作業で全て丁寧に取り除いているので、非常になめらかな味わいに仕上がる。

　樽熟成の際にオークが活性化し過ぎてしまうと最終的な風味に強い影響を与えてしまうため、"リチャー"（2回目以降、樽の内側を焼くこと）をしていないバーボン樽を使用している。

Don Julio REAL　エクストラ・アニエホ
ドン・フリオ レアル

手作業でひとつひとつていねいに選別した高品質のブルーアガベからつくられる。ローストされたアガベの甘味や柔らかさといった特長を最大限引き出すためゆっくりと蒸溜する。熟成期間は、最低でも3年は行う。甘いアガベの香り、ほのかなハーブやドライフルーツ、キャラメルを思わせる、すばらしい風味のドン・フリオの最高峰。

アトトニルコ地区

EMBAJADOR
エンバハドール

エンバハドール蒸溜所

アルコール度数：	40%
内 容 量：	750mℓ
製 造 元：	テキーラ・エンバハドール可変資本株式会社 Tequila Embajador, S.A. de C.V.
所 有 者：	テキーラ・エンバハドール可変資本株式会社 Tequila Embajador, S.A. de C.V.

NOM：1509　DOT：224
問い合わせ先： 有限会社ソルグランデ

ボトルに
施されているのは
アガベの女神
マヤウエル

レポサド

ホワイトオーク樽で寝かせた香り、味ともに並はずれた特徴をもったテキーラ。

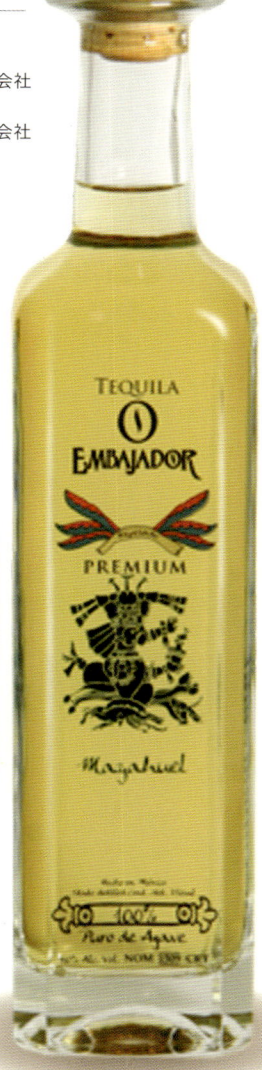

PREMIUM TEQUILA

テキーラとは「魂をなぐさめるエリキシル(Elixir)」と、このブランドのメーカーは主張する。エリキシルとは、訳すれば霊薬というのが近いようだが、アステカの生贄の儀式で飲まれたプルケなどを指す。キリスト教でワインを神の血として飲む感覚に似ているのではないだろうか。

アガベを蒸す前に外側を20％も削り、3回蒸溜を繰り返した、いわば磨き抜かれたテキーラである。アガベの中心部、コラソン(Corazon)の部分のみを抽出した高級品だ。ロスアルトス地方のアトトニルコ地区でつくられている。

同じエンバハドールでも、ブランコ、レポサドとアニェホにはそれぞれのキャッチフレーズがある。ブランコは「魂の透明性」、レポサドは「楽しめる忍耐」、アニェホは「時間が介してくれる報い」である。

ブランコ
ブルーアガベ特有の性質を3回の蒸溜によって水よりも澄みきった、プラチナよりも輝く色調にしたのが特徴である。

アニェホ
ホワイトオーク樽で丹念に熟成され、壮大で気高い生気をもたらす、雄弁で納得のいく味。

I プレミアムテキーラを知る

アトトニルコ地区

PATRÓN
パトロン

パトロン蒸溜所

アルコール度数：	40%
内 容 量：	750mℓ
製 造 元：	パトロン・スピリッツ・メキシコ可変資本株式会社 Patron Spirits Mexico, S.A. de C.V.
所 有 者：	パトロン・スピリッツ・インターナショナル株式会社 Patron Spirits International AG

NOM：1492　**DOT**：207

問い合わせ先：　バカルディ ジャパン株式会社

タオナを使って引き出された多彩な風味と香り

アニエホ

アメリカンとフレンチのオーク樽で12か月以上長期熟成した原酒をブレンド。熟成に由来する独自の風味と長い余韻が特徴だ。スムースで個性的な極上の味わい。

104

PREMIUM TEQUILA

　パトロンは2人の起業家、ジョン・ポール・デジョリア（John Paul DeJoria）氏とマーティン・クローリー（Martin Crowley）氏が、ロスアルトス地方アトトニルコ地区にある蒸溜所に出会って設立された。パトロンとは、スペイン語で「良い上司」、または「主人」という意味である。

　このテキーラがこんなに早く世界中で知られるようになったのは、シンプルかつおしゃれで民芸品のようなボトルと、3回蒸溜したテキーラのクリアで上品な味のためだと言えるだろう。この味のひとつの秘密は、近代と古代の製造プロセスの和にある。古代では、蒸したアガベの汁を搾り出すためにはタオナという強大な丸い石を使っていたが、最近ではミルのような繊維を砕く機械を使っているところがほとんどである。パトロンでは、50%をタオナを使って搾り出し、残りは近代的な方法で搾り、両方をあわせることによって、ソフトで奥深い味を出しているという。アガベの選別から蒸溜の管理などまで、フランシスコ・アルカラス（Francisco Alcaraz）氏が、長年の経験を活かして、パトロンの品質を管理している。

ブランコ
無色透明で、ワインなら若くフレッシュなものやヌーボーにあたる。最高品質のブルーアガベだけを使用し、手作業で少量ずつ製造され数あるシルバーテキーラの中でもひときわ高いクオリティを誇る。

レポサド
アメリカンオーク樽で平均6か月以上熟成させた原酒をブレンド。アニェホを思わせるオーク香とシルバーのスムースな味わいを兼ね備え、ハチミツやリッチなバニラ香を感じさせる味わいが魅力。

GRAN PATRÓN PLATINUM
グランパトロン プラチナ
パトロンの持ち味である滑らかさにさらなる磨きをかけた、世界最高級を冠するプラチナテキーラ。蜂蜜のようなフレーバーが特徴。

ブランコ

I プレミアムテキーラを知る

アトトニルコ地区

CAZADORES
カサドレス

カサドレス蒸溜所

アルコール度数：	40%
内容量：	750ml
製造元：	バカルディ・イ・コンパーニャ可変資本株式会社 Bacardi y Compania, S.A. de C.V.
所有者：	バカルディ&カンパニー株式会社 Bacardi & Company Limited

NOM：1487　DOT：103

問い合わせ先：　バカルディ ジャパン株式会社

ストレートでも
カクテルベースでも、
さまざまな飲みかたに
あう万能選手

ブランコ

トロピカルフルーツを思わせる新鮮で力強い香り。エレガントな甘さの中にシナモンやアニスなどのスパイシーさが感じられる軽やかな味わいである。

PREMIUM TEQUILA

テキーラ・カサドレスはスペイン語のカサドル（Cazador）という言葉からきている。カサドルはハンターという意味になるが、創設者のドン・ホセ・マリア・バニュエロス（Don José María Bañuelos）氏の、世界有数のプレミアムテキーラをつくるための一途な追求を象徴しているだろう。1922年当時盛んだったプルケの代わりに、これまでにないテキーラをつくろうと思いついてから、ブランドができる1973年まで、こっそりつくったレシピのテキーラが幅広く好まれるようになるまで、努力し続けた成果を物語っている。

　このブランドネームは、ドン・ホセ・マリア氏の孫であるドン・フェリックス（Don Felix）氏がつけたものである。素晴らしい味ができるまで努力し続けたお祖父さんの教えを、ハンターの辛抱強さをもとにカサドレスというブランドにしたのである。また、お祖父さんが毎日窓から見つめていたアガベ畑に遊んでいた機敏な鹿を思い出し、このブランドのシンボルが決まった。

レポサド

6か月間の樽熟成を経て、アメリカンオーク樽からのリッチな香りが感じられるレポサド。まろやかな味わいで、カクテルの材料としても最適。

アニエホ

18か月の樽熟成を経て、甘美なコクある味わいに仕上げられたアニエホ。洋ナシとスパイシーオークの余韻が続く。

I プレミアムテキーラを知る

アヨトラン地区

RANCHO LA JOYA
ランチョ・ラ・ホヤ

ロス・アルトス・ラ・ホヤ蒸溜所

アルコール度数：	38%
内容量：	750mℓ
製造元：	デスティラドラ・ロス・アルトス・ラ・ホヤ可変資本株式会社 Destiladora de Los Altos La Joya, S.A. de C.V.
所有者：	デスティラドラ・ロス・アルトス・ラ・ホヤ可変資本株式会社 Destiladora de Los Altos La Joya, S.A. de C.V.

NOM：1555　DOT：274
問い合わせ先： デ・アガベ株式会社

まさにメキシコの美しい宝石

レポサド

一瞬アニェホかと思わせる風味の高級さと柔らかさ。オンザロックにもお勧めだ。特にテキーラハイボールにはぴったり。自然に持っているバニラの隠し味と甘さに、氷とソーダだけで、ガンガンいけそうだ。

旧ボトル

PREMIUM TEQUILA

"Pure Feeling"はランチョ・ラ・ホヤのスローガンである。それは、「最初のレポサドも、新商品のブランコもフィーリングを込めてつくったものである」という意味だ。大地に対する気持ち、お客様に対する尊重を何より大切にし、生産工程を磨いて、何度も味に関する実験を行い、誇れるプレミアムテキーラに仕上げているという。

特にブランコはそのピュアな気持ちを伝えようとしている。飲むとき、味を通じてその地域、そのアガベとその工場が目に浮かぶほど、気持ちが込められ、伝わるのだ。もし機会があって一度ロスアルトスへ訪れれば、きっとわかってもらえるであろう。

「テキーラ・ラ・ホヤは、情熱と長年の仕事の経験を語る真っ青な空の下の赤い大地と風が強く吹くハリスコ州の高地に生まれた。この地域では、空がより青く、アガベを通じてメキシコの伝統が感じ取れる」

この会社は、祖父の野望と夢を実現させ、その価値観にしたがう孫たちが経営している。彼らはロスアルトスに優れたアガベ畑を持ち、他に比べられない、アガベの美しさを思い出させる味を持つテキーラを、そして最も厳しいエキスパートたちでも心を奪われる高価な宝石（ラ・ホヤ）のような商品をつくり上げた。

現在、工場はアヨトラン地区にある。

ブランコ

"Pure Feeling"
特にこのブランコはそのピュアな気持ちを伝えようとしている。

Tequila Express

テキーラ・エクスプレス

　短期間でメキシコの代表的な雰囲気を一度に味わいたいなら、テキーラ・エクスプレスに参加するしかないだろう。グアダラハラ市内から色鮮やかな列車に乗りこめば、テキーラやカクテル片手にマリアッチの音楽を楽しんだり、車窓に広がる世界遺産のひとつである「パイサヘ・アガベロ（Paisaje Agavero）」のアガベ畑の眺めに心を奪われているうちに、エラドゥーラの工場へ辿り着く。乗客たちはこの最も古い蒸溜所を訪問し、テキーラの近代的および伝統的なつくり方を学ぶことができる。もちろん、民芸品なども買える。

　テキーラ・エクスプレスは、グアダラハラ市の国立観光サービスおよび商工会議所が運営している日帰りの観光アトラクションである。1997年にはじめられ、この新しい計画は当初3つの目的を持っていた。ひとつ目は、旅客列車を復活させること。残念ながら現在メキシコでは列車はほとんど貨物列車しか残っておらず、グアダラハラ市は何とかして旅客列車の昔の姿を少しずつでも取り戻そうとしている。

　2つ目の目的は、これまでにない観光の新しい形をつくることである。より多くのメキシコ文化の要素を1か所にまとめて、国内外の来客に楽しく現地の文化に直接触れてもらおうとの考えから生まれた。3つ目の最も重要な目的は、ナショナル・アイデンティティの3つの柱である、「マリアッチ」、「テキーラ」と「チャレリア（馬術）」の奥深さをより多くの方々に知ってもらい、これらの伝統を守っていくことである。

カサ・エラドゥーラの敷地は広大だ

マリアッチの演奏に合わせてチャロの伝統的衣装のダンサーが踊る。そして女性のマリアッチがランチェーラ（Ranchera）を歌う

PREMIUM TEQUILA II

テキーラとは何か

CHAPTER 2-1: The manufacturing process of tequila

1 テキーラの製造工程

栽 培 *[Cultivo]*

　新しいアガベの株を育てる方法は二通りある。ひとつは10年目ごろに伸びてくる花茎キオテ(**Quiote**)の蜜をコウモリたちが吸いに来ることによって受粉して種が落ち、芽を出して育つ自然な方法である。

　しかし、ブルーアガベの場合は、大人のアガベの周りに生まれてくるイフエロ(**Hijuelo**)と呼ばれる子株から育てる方法をとる。農家によると、初めて出てきた子株は使わないという。3回目に出てきた子株がベストだとする農家もある。

　掘り出された子株は衛生のための液に浸し、畑の一角など屋外で数日休ませる。畑は3m間隔で畝を立て、植え付けの間

すべて手作業で行われる

隔は1m、すべて農家の人々の手作業で行われる。ここから8年から10年の時をかけて大人のアガベになるのである。

収穫 *[La Jima]*

　テキーラの製造工程はアガベの収穫からはじまる。アガベの収穫にあたる農民はヒマドール（Jimador）、複数形はヒマドレス（Jimadores）と呼ばれ、早朝から畑に出てピニャ（Piña）の収穫を行う。ピニャとは、尖った長い葉が削ぎ落とされたあとに現れるアガベの茎部分の名前である。その姿がパイナップル（スペイン語でピニャ）に似ていることからそう呼ばれるようになった。

コアの平たい刃

　ヒマドールは激務をこなす。彼らの作業は太陽の照りつける中、畑で1日8時間以上におよぶ。葉を削いでピニャの形を整えるために、ヒマドールはコア（Coa）と呼ばれる円形の刃のついた鎌を用いる。長い木の棒に取り付けられたこの鎌で、根元の真ん中の部分を突いて上下に動かし、根から切り離す。

　それぞれ1日あたり100個ものピニャを収穫するが、ピニャを的確な形に整えるには、長年にわたる刈り取り作業で培われた経験が必要である。彼らが1個を刈り取るのに要する時間は、わずか1〜2分ほどなのだ。

　ピニャは30kgから70kg近くになるものまである。葉を削ぎ落とし土を取り除いたら、今度は半分にカットされる。こうすることで、釜で加熱するときに蒸気がピニャの間をくぐり抜けて全体に均等に広がるのである。

　その上ピニャを整然と積み上げることができるので、トラックでの工場への搬入が容易になる。

尖った葉を削ぎ落とす

縦半分にカット

調理 *[Cocimiento]*

収穫されたアガベはトラックに満載され蒸溜所に運ばれる。多汁なこの植物の、加熱工程がはじまるのだ。届けられたピニャは、特製の巨大なオーブンの中に均等に積み上げられる。

オーブンは主として新しい技術を用いたものと伝統的なものの2種類に分類される。新しい技術を用いたものは、「アウトクラベ（Autoclave）」といい、巨大なステンレス製の円柱状の圧力釜で、アガベを高圧の蒸気で加熱する。

届けられたピニャが小山のように積まれている
（サン・イシドロ蒸溜所）

もうひとつの伝統的なタイプは「マンポステリーア（Mampostería）」、スペイン語で石積みという意味で、つまり石造りのオーブンである。今日ではマンポステリーアオーブン（Horno de Mampostería）はレンガ造りや石造りのものもあるが、伝統的には粘土造りの場合もあった。

工業化されたアウトクラベの蒸気のほうがはるかに高圧で、加熱作業も早い。

アウトクラベ
（ラ・ホヤ蒸溜所）

マンポステリーア
（プレミアム・デ・ハリスコ蒸溜所）

所要時間は、アウトクラベでは8～24時間であるのに対し、マンポステリーアオーブンは2～5日を要するのである。伝統的なオーブンを使用するメーカーには、長い加熱工程を経てこそ、コクが深まり、より味の良いものができるというこだわりがある。

オーブンの容量は18,000kg程度から40,000kgにおよぶものもあり、多くはメーカーのニーズに沿って注文製造される。

アガベは加熱されると、生の白く固いほとんど乾いている繊維の状態から、茶色で柔らかな汁の多い果実になり、手で簡単に裂けて、噛むと甘い味がする。こうして得られた果汁は、最近人気が非常に高まってきている「アガベシロップ」の主要原料にもなる。このシロップは、従来のシロップ状甘味料の1.5倍の甘みがある、優れた天然の砂糖代用品である。高いコレステロール値や糖尿病に悩む人々には大きなメリットとなっている。

搾汁 [Mieles de Agave]

アガベは、加熱され空気に触れさせるとすぐに自然発酵のプロセスがはじまる。

柔らかいピニャは長いベルトコンベアの上に乗せられて特別な圧搾機に運ばれ、いくつかの工程を辿る。まずアガベの繊維は細かく裂かれ、水が加えられ、

粉砕する部分が独特のスクリュー型
（ラス・フンタス蒸溜所）

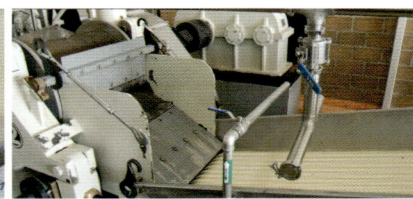

パイプ部分から加水する
（ラ・ホヤ蒸溜所）

粉砕、加水、搾汁がひと続きに行われる（サン・イシドロ蒸溜所）

II テキーラとは何か

繊維が搾られて果汁が抽出される。

　機械のなかった昔、圧搾の方法は石の臼であった。「タオナ（Tahona）」と呼ばれるもので、火山岩製の大きな車輪状の臼を動かしていた。地面に丸く広い石の溝をつくり、その中に臼が置かれ、馬か雄牛に引かせていたのである。

　加熱したピニャの繊維をすり潰して蜜を搾り出すこの方法での問題点は、搾り汁を全て採取するのは困難であるため、廃棄量がかなりあったことと、方法自体が衛生的とは見なされなかったことである。

　現在もタオナを使う蒸溜所はあるが、馬や雄牛の代わりにモーターが取りつけられ電動化している。衛生面では進化しているのだ。

Tahona

保存展示されているタオナ（エラドゥーラ蒸溜所）

モーターを取り付け、使い続けられているタオナ。搾り汁をポンプで吸い上げる（サン・イシドロ蒸溜所）

発酵 [Fermentación]

　搾汁工程によって得られる液汁はモスト（Mosto）と呼ばれている。モストは大きなタンクに入れられて、そこで一週間ほどの発酵工程がはじまる。発酵は自然発酵または、酵母菌を使用する場合もあり、メーカーの求める味によって選択される。

発酵タンク（ラ・ホヤ蒸溜所）

例えば、よく知られたメーカーのエラドゥーラは自然発酵派である。アマネセル・ランチェーロのメーカーであるラス・フンタス蒸溜所の場合は、ビール醸造所で使われる酵母菌に似たものを使用している。

発酵初期のモスト

発酵が進み、泡が分厚く盛り上がっている

　発酵がはじまると、バクテリアがモストに含まれる糖分と酸素を食べはじめる。外側からだと、タンクの中の液体が沸騰しはじめたかのように見えるが、茶色がかった黄色っぽい泡の層が形成されていき、厚さが1mに達する場合もある。

　発酵タンクは、高さ8m、直径4m程のものもあり、蓋はない。しかし発酵によってつくり出される泡が自然に乾いていき、モストを外界から分離して保護している。

　また、発酵時にクラシック音楽をかけるメーカーもある。バクテリアの好みに合うようで、発酵作用を促進し、テキーラの最終的な味にプラスの影響を与えると考えているようだ。

蒸溜 *[Destilación]*

　テキーラの場合、最低2回蒸溜しなければならない。最初の蒸溜では、発酵した汁はデストロサドル（**Destrozador**）という蒸溜器で加熱、蒸溜される。

　その際、「ヘッド」と「テール」、つまり、蒸溜しはじめの最初の液体である初溜と、終わりのほうの液体の後溜は、搾り汁から注意深く取り除かれる。スペイン語でヘッドはカベサ（**Cabeza**）、テールはコラス（**Colas**）と言うが、高品質の製品をつくるためには適切に除去されなければな

アガベ100%テキーラはほぼ、このような単式蒸溜器で2回蒸溜される（グルポ・テキレロ・メヒコ蒸溜所）

らない。高い濃度のメタノールやその他の化合物を含んでいるからである。

最初の蒸溜で採取された液体はオルディナリオ(Ordinario)といい、まだテキーラと呼んで飲むことはできない。アルコール濃度が低く、2回目の蒸溜にかけて、再び初溜と後溜が取り除かれると、最終的に60％前後の純粋なテキーラとなる。

蒸溜器がずらりと並ぶ(エラドゥーラ蒸溜所)

ここで得られたテキーラは、所定の製造ロットのアルコール度数にするために、井戸水または純水を加えて調整する。できたテキーラのアルコール度数に対して、メキシコ公式規格が定める35〜55％となるように加えるのである。

水はテキーラの最終的な味に影響をおよぼすため、各メーカーは独自に水を選んでいる。

蒸溜を3回行うというメーカーもある。3回目の蒸溜によって、生のアガベの風味の持つクセが抑えられ、テキーラの味がまろやかになる。エスペラント(Esperanto)というブランドがその一例だ。

しかし、本当のテキーラの味は2回の蒸溜でこそ得られると言い切るメーカーもあり、3回目は不要と言う人もいる。

熟成 [Maduramiento / reposo]

蒸溜されたテキーラは、瓶詰めされるまで直ちに貯蔵タンクに入れるか、アメリカンオークまたはフレンチオークの樽に入れて熟成させる。

テキーラ・ブランコ(スペイン語で白)は樽熟成させずに、ほぼ蒸溜直後に瓶詰めされる。そのため、良質のテキーラ・ブランコが本来持つクリスタルな透明感を保つことができる。規則では60日以内は安定させられるので、ステンレスタンクで休ませてから瓶詰めすることもある。

一方、テキーラ・レポサド(スペイン語で寝かせたという意味)の場合は60日以上1年未満の間、またテキーラ・アニェホ(スペイン語で十分に熟成したという意味)は1年以上3年未満の期間寝かされる。3年以上寝かされたテキーラはエク

PREMIUM TEQUILA

ストラ・アニェホ（スペイン語で特別熟成したという意味）と呼ばれている。

　ウイスキーやブランデーと比べて、テキーラの熟成期間はかなり短いように思われるかもしれない。しかし、テキーラが熟成される地域の気候と高度を考慮に入れる必要がある。メキシコで1年熟成させることは、世界のほかの地域での3年から5年の熟成に相当すると言えるからだ。

　5年または7年以上寝かせたテキーラは滅多に見かけないのは、テキーラはその伝統的な特徴のいくつかを保つことが重要であり、長過ぎる熟成期間は風味を完全に変えてしまい、テキーラの品質に悪影響を与える可能性があるからである。

　熟成用の樽は、新品で未使用のホワイトオーク製のものか、バーボン、ワイン、

II テキーラとは何か

AGV400への思いを語ってくれたホルヘ・マルティネス氏（サン・イシドロ蒸溜所）

焦がした樽の内側（サン・イシドロ蒸溜所）

熟成する期間を決めたらテキーラ規制委員会（CRT）へ報告し、シールで封印する。満期まで開封してはならない

ウイスキーやテキーラの熟成に使われた中古樽が使用される。

　テキーラに茶色っぽい色みとスモーキーな風味を与えるために、内側を焦がす樽もある。内側を炙っていない樽では、明るい色みとウッディーな風味がつくられる。テキーラの熟成により得られる味と隠れた風味は多様であるが、樽の木のタイプ、熟成期間、樽の内側を焦がしているかどうか、以前に何の酒の熟成に使われたかなど、多くの要因に加えて、アガベ、加熱、発酵工程や蒸溜の回数が大きく関与している。

瓶詰め *[Embotellado]*

　テキーラの瓶詰めは、いくつかのブランドにとっては、市場で他のブランドとの区別を図るための特別な役割となる、製造工程において重要な段階である。

　規則により、アガベ100％テキーラは海外に輸出される前に、メキシコ国内の所定の原産地呼称の地域内で瓶詰め、封印する必要がある。これは、製品が本物であることと品質を保証するためである。ミクストテキーラはバルクでの輸出と海外での瓶詰めは可能であるが、テキーラ規制委員会（CRT）に登録してその監督を受ける工場でなければならない。

　今日では、テキーラの大手メーカーの大半は瓶詰め工程を工業化しているが、メーカーの中には特殊なブランド用の瓶を扱うため、手作業または半手作業を必要とするところもある。テキーラの特定のブランドイメージを市場に対して的確

PREMIUM **TEQUILA**

ラベル貼付と瓶詰めが自動で行われる（ラ・ホヤ蒸溜所）

に伝えるために凝った瓶に詰めようというメーカーの意図である。そのような目的で生まれた瓶とラベルの形やデザインは、手のこんだ芸術作品となる場合もあり、自動化機械を使うことが困難になる。

例えば、チャムコスとAGV400というブランドは、ラベル貼付機のような機械の使用をより困難にする半手製のガラス瓶を使用している。そしてアスコナ・アスルは、標準的な細長い瓶を使用しているが、ラベルはレプハド（Repujado）というフランスの金属打ち出し技術を使った、職人の手を9回経てようやく完成するラベルで真の打ち出しの芸術作品である。アマネセル・ランチェーロは、下半分がピニャの形で、上半分がオーク樽の形をした1000mlの芸術的な瓶を使っている（メーカーの大半は750mlの瓶である）。瓶の首にも打ち出し加工のラベルの装飾が施されている。

これに対し、ランチョ・ラ・ホヤの瓶は、自動瓶詰め機と自動ラベル貼付機が使えるような、どちらかと言えば標準的な形のものだ。比較的シンプルにしてエレガントである。

ラベル貼付 [Etiquetado]

　瓶詰め工程ですでに解説してきたように、ラベルをどの程度凝ったものにするかということが、そのテキーラを標準的なものか、趣向を凝らしたものかに分けてしまう。

　どちらであるにせよ、ラベルに消費者向けの情報を記載する点において、守らなければならないテキーラ規制委員会（**CRT**）が定める標準規則がある。

　下記の情報は、瓶の前面のラベルと背面のラベルとに分けて表示することは可能だが、最初の7項目は前面に表示しなければならない。蒸溜所番号が背面のラベルに表示される場合もある。

ラベル貼付機（サン・イシドロ蒸溜所）

レプハドという技術でつくられているラベル

瓶へのラベル貼付は以下の情報を含まなければならない

1	「テキーラ」という単語	7	公式の蒸溜所番号 例： NOM 9999 CRT
2	テキーラの種類 （ブランコ、レポサド、アニェホなど）	8	製造元または瓶詰め業者の名称と所在地
3	テキーラの分類 （アガベ100%であるかどうか）	9	大文字でのメキシコ製という表示 "HECHO EN MEXICO" または "MADE IN MEXICO"
4	登録商標名 （ブランド名）		
5	アルコール度数 （Alc.%）	10	ロット番号
6	リットルまたはミリリットル単位で表示する正味容量	11	未成年者保護 または乱用警告の注意書きの表示

PREMIUM TEQUILA

メインラベル Etiqueta Principal

背面ラベル Contra Etiqueta

マルベテ Marbete

財政および衛生管理の基準を満たしていることを証明するタグ。瓶詰め後に貼られる。メキシコ国内のものなので、はじめから輸出用として生産される商品にはつかない。

CHAPTER2-2: Appellation of Origin Tequila

2 原産地呼称

　テキーラは原産地呼称で守られている。これはどういう意味があるのか、少し専門的な説明をしておきたい。

　ある商品の品質や評価がその地理的原産地に由来する場合、その商品の原産地を特定する表示は、地理的原産地表示（GI：Geographical Indication）と呼ぶ。この地理的原産地表示は、条約や法令により、知的財産権のひとつとして保護されている。

　コニャックやシャンパンが国際法で保護され、世界の特定の地域でのみ生産が可能であるように、テキーラも原産地呼称が認められている。GIシステムの基準のひとつとなっているのは、20世紀から使われているフランスの原産地呼称"AOC"（Appellation d'Origine Contrôlée）である。AOCと同様に、テキーラの原産地呼称には"DOT"（Denominación de Origen Tequila）、英語では"AOT"（Appellation of Origin of Tequila）があり、テキーラの製造、瓶詰め、流通、販売するための規則を定めた法律一式である。

　DOTによれば、テキーラの製造はメキシコ国内に限定され、さらにハリスコ（Jalisco）、タマウリパス（Tamaulipas）、ミチョアカン（Michoacán）、ナヤリ（Nayarit）とグアナファト（Guanajuato）の5州の特定地域内で製造されなければならない。

　この原産地呼称の製品の品質と特徴には、特定地域の自然と人間の要素のみが反映されることになる。

メキシコは、1966年9月に、ジュネーブに本部を置く世界知的所有権機関（WIPO：World Intellectual Property Organization）の国際事務局により、原産地呼称の保護を目的とするリスボン協定に署名した。メキシコでは、メキシコ工業所有権庁（IMPI：Instituto Mexicano de la Propiedad Industrial）がテキーラの名称の使用を認可、管理する機関である。

『連邦官報』（1977年10月13日付）のテキーラの原産地名称保護に関する抜粋によると、次のことが記されている。

1. 1974年12月9日、テキーラの原産地名称を保護する商工省（スペイン語原文では財産産業振興省）の決定が官報に掲載された。
2. 1976年9月20日、テキレラ・ラ・ゴンサレニャ株式会社（Tequilera La Gonzaleña, S. A.）が、発明商標課に対して、タマウリパス州のアルタミラ、アルダマ、新旧両モレロス、ゴメス・ファリアス、ジェラ、オカンポ、シコテンカトルおよびゴンサレスの各市町村を含めるために、テキーラの原産地名称の境界線の拡大を申請した。
3. 1976年9月23日、前記の申請の抜粋が、発明商標法第156条の条項で官報に掲載された。
4. テキレラ・ラ・ゴンサレニャ株式会社の申請に対する第三者の異議申し立て期間の45日以内に、テキーラ産業会議所のみが異議申し立てを行った。その他、テキーラメーカーの中で同様の動きが見られたが、所定の期間が過ぎてからであった。次がそれらのメーカーである。

テキーラ・エル・ビエヒト株式会社	（Tequila El Viejito, S. A.）
テキーラ・サウサ株式会社	（Tequila Suiza, S. A.）
ホルヘ・サジェス・クエルボ	（Jorge Salles Cuervo）
テキレラ・サンチェス・ロサレス株式会社	（Tequilera Sánchez Rosales, S. A.）
テキーラ・タパティオ株式会社	（Tequila Tapatio, S. A.）
テキーラ・サン・マティアス株式会社	（Tequila San Matías, S. A.）
テキーラ・ロサレス株式会社	（Tequila Rosales, S. A.）
リオ・デ・プラタ株式会社	（Rio de Plata, S. A.）
テキーラ・オレンダイン株式会社	（Tequila Orendáin, S. A.）
エンプレサ・エヒダル・アマティトラン・テキーラ	（Empresa Ejidal Tequilera Amatitlán）
テキーラ　ビウダ・デ・ロメロ株式会社	（Tequila Viuda de Romero, S. A.）
テキーラ・エウカリオ・ゴンサレス株式会社	（Tequila Eucario González, S. A.）
テキーラ・ビレイエス株式会社	（Tequila Virreyes, S. A.）
テキーラ・ビウダ・デ・ゴンサレス株式会社	（Tequila Viuda de González, S. A.）
テキーラ・クエルボ株式会社	（Tequila Cuervo, S. A.）

II テキーラとは何か

5. 前記の状況にもかかわらず異議申し立ては却下され、審査が行われた結果、なされた異議申し立ては以下の基準が満たされていることから、申請された地域の拡大の妨げになるものではないという結論に達した。
   a) ハリスコ州の産業は、タマウリパス州でのアガベ栽培を促進した。
   b) 申請対象となったタマウリパス州の所定の地域で栽培されるアガベは、1977年10月13日付官報に商工省が公布した規則に示す品質要件を満たしている。
   c) この地域へ多くの投資がなされており、今後の雇用創出と天然資源の開発による重要な開発に貢献する。
   d) 原産地呼称により付与される保護は、テキーラの搾汁、生産・製造に係る全ての関係者を対象とする。
   e) 特に外国での高まる需要を満たすために、テキーラの原料は十分な量を確保し、製造時にアガベ以外の糖類の使用を控えることが必要である。
6. 財産産業振興省は、テキーラの原産地名称への保護宣言を発明商標法の規定に適合させて、また同宣言によりすでに定めてある地域に加えて、地域の拡大によって申請された市町村と、さらに、前記の地域と類似した特徴を備えているミチョアカンのマラバティオおよびタマウリパスのマンテとトゥラを対象市町村に含めることが適切であると判断した。

　結論として、「テキーラ」の原産地名称保護の一般宣言が決議され、以下の事項が表明された。

> 第一　テキーラという名称を持つアルコール飲料に適用するために、テキーラの原産地名称に対して、現行の発明商標法の第5章に定める保護を付与する。
>
> 第二　本一般宣言により保護される原産地名称は、財産産業振興省の規格標準局が定める「テキーラの品質に関する公式規格」に言及する同名のアルコール飲料にのみ適用されるとする。
> 　製造用の原料の特性及び製造手順は、公式規格に定める条件を満たしていなければならない。

第三　本保護宣言の目的のために、以下に示す市町村を原産地と定める。
　　　ハリスコ州全域
　　　グアナフアト州の市町村としてアバソロ、シウダ・マヌエル・ドブラド、クエラマロ、ウアニマロ、ペンハモ、プリシマ・デル・リンコン
　　　ミチョアカン州の市町村としてブリセニャス・デ・マタモロス、チャビンダ、チルチョタ、チュリンツィオ、コティハ、エクアンドゥレオ、ハコナ、ヒキルパン、マラバティオ、ヌエボ・パランガリクティロ、ロス・レイエス、サウアヨ、タンシタロ、タンガマンダピオ、タンガンシクアロ、タヌアト、ティングィンディン、トクンボ、ベヌスティアノ・カランサ、ビジャ・マル、ビスタ・エルモサ、ユレクアロ、サモラ、シナパロ
　　　ナヤリ州の市町村としてアウアカトラン、アマトラン・デ・カニャス、イストラン、ハラ、サン・ペドロ・デ・ラグニジャス、サンタ・マリア・デル・オロ、テピック
　　　タマウリパス州市町村としてアルダマ、アルタミラ、アンティグオ・モレロス、ゴメス・ファリアス、ゴンサレス、ジェラ、マンテ、ヌエボ・モレロス、オカンポ、トゥラ、シコテンカトル

第四　財産産業振興省は、発明商標法第164条に定める要件を満たす自然人または法人に対して、本一般宣言により保護される原産地名称を使用する権利を付与する。

第五　本一般宣言の条項は、当該法第161条の規定に従って改正する場合がある。

「テキーラ」の名称の下で製品を製造するために必要な、その他の特性と要件について、宣言にあるように公式規格に含まれている。メキシコ公式規格（NOM：Norma Oficial Mexicana）のことで、現在はNOM-006-SCFI-2005である。

（出典：Diario Oficial de la Federación del 13 de Octubre de 1977）

3 テキーラの関連団体

CHAPTER2-3: Tequila Related Organizations

テキーラを専門に扱う団体について知るのは大切なことである。

メキシコ	テキーラ規制委員会(Consejo Regulador del Tequila, A.C.)
	全国テキーラ産業会議所(Cámara Nacional de la Industria Tequilera)
日本	日本テキーラ協会(Japan Tequila Association)

　中でも最も重要なのは、"CRT"という略称でよく知られているテキーラ規制委員会だが、ここにあげたほかにも、メキシコ内外で多くの団体がテキーラに関する知識と正しい情報を伝える活動を展開している。なお、日本ではテキーラの奥深さと正しい知識を伝えるために多大な活躍をしている日本テキーラ協会の役割も知っておく必要がある。

　以下、これらの団体について詳しく見てみよう。

テキーラ規制委員会 - Consejo Regulador del Tequila, A.C.

　テキーラ規制委員会を簡単に説明するために、CRT公式ホームページ(http://www.crt.org.mx/)から引用してみよう。

　「テキーラ規制委員会は、1993年12月16日に設立されたテキーラの製造にかかわるあらゆる関係者・生産者から成る専門職連係組織である。CRTの目的は、メキシコの国民意識のシンボルの中でも重要な位置を占める、この飲み物の持つ文化と品質を高めていくことである。」

CRTは、メキシコ経済省(Secretaría de Economía)の基準局(DGN：Direccion General de Normas)により認可された非営利団体である。メキシコ認定機関(EMA：Entidad Mexicana de Acreditación, A.C.)により、検定機関と認証機関として認められている。その目的は、テキーラに関するメキシコ公式規格(NOM：Norma Oficial Mexicana)の遵守を徹底させ、テキーラ製造における全過程を通じて、その品質と真正を保証し、メキシコ内外でテキーラの原産地呼称を守ることだ。

業務には、ブランド、製品、アガベの生産された農地の登録と認定、理化学的分析、テキーラの輸出に必要な真正証明書(Certificate of Authenticity)の発行、アガベ生産、テキーラ製造、ラベル貼付のための要件に関する研修と方法を提供することなどがある。

CRTによる最も重要な研修は、T-アワードと略記される「テキーラアワード」である。CRTの職員を講師に招いた公式のテキーラセミナーで日本では2011年3月から。CRTがProMéxico Japan（国際経済へのメキシコの参加を促進するメキシコ政府機関の日本支部)と駐日メキシコ大使館と連携し、京都-メキシコ エルマナスプロジェクトおよびデ・アガベ株式会社の後援を受けて開催された。エルマナスプロジェクトとは、日本におけるテキーラとメキシコの文化に関する知識の普及に尽力している日本の団体だ。

セミナーの修了証を取得した団体・店舗は、このメキシコの伝統的なスピリッツの生産、流通および品質を世界的に保護・規制するメキシコの担当機関から、テキーラについての正しい知識を習得したと言えるだろう。

T-アワード (Distintivo T)

2003年に、CRTは全国テキーラ産業会議所と連係して、スペイン語で"Distintivo T"つまり「T-アワード」と呼ばれるプロジェクトをスタートさせた。

このプロジェクトの目的は、スタッフの研修を通じて、ホテル、レストラン、バー、アルコール飲料の流通業者、飲食施設のサ

II テキーラとは何か

ービスの向上を図ることだ。また、メキシコの代表的国民酒としてのテキーラの名声を汚す粗悪な酒や偽テキーラの横行を防ぐことでもある。

　T-アワードの授与にはCRTの職員が講師を務める、テキーラの歴史、製造工程、製造量、規則、関連団体情報についての講義と試飲セッションなどから成る、2日間のセミナーに参加することが必要である。受講後に修了証が受講者に発行され、流通業者や飲食施設には金属板に文字を彫刻した認定プレートが授与される。その際、受講者は倫理規定に同意して署名することが求められる。

　2011年6月の時点で、CRTはメキシコ国内とオーストラリア、カナダ、コロンビア、スペイン、アメリカ合衆国、フランス、オランダで200個以上のT-アワードを授与している。また2011年には、東京で4か所の施設に授与されている。

　この日本初のT-アワードセミナーは、CRT上海事務所と日本の輸入業者であるデ・アガベ株式会社が連係して、2011年3月6日に、東京六本木のプレミアムテキーラ&メスカルバーマヤウエルで開催された。日本テキーラ協会、Smalllest Bar（スモーレスト・バー）、酒類販売店株式会社武蔵屋とマヤウエルをはじめ、アルコールリキュール関連店舗から合計12名の参加があった。

　また、同年の11月には第2回目のセミナーが行われ、初開催の京都、そして東京の順で行われた。合計37名の参加となった。

T-アワードセミナーに参加し、認定された店舗・団体

第1回	東京	日本テキーラ協会、Smalllest Bar、株式会社武蔵屋、マヤウエル
第2回	京都	個人2名、アルコジ、酒肴人、千雅、エルマナスプロジェクト、株式会社FRIDA JAPAN、株式会社トミナガ
	東京	個人3名、有限会社ソルグループ、テピート、BACARDI JAPAN Ltd.、Ikon Europubs 株式会社、KAZZ、片岡物産株式会社、アメリカンクラブウエスト、Bar Gratitude、Bar Lamp、リードオフジャパン株式会社、アンクルスティーブンス、株式会社庄司酒店、バー・バグース、株式会社リカーショップゴワ、アサヒビール株式会社、株式会社カクヤス、Bar Helissio、株式会社HUGE Diez、キリン・ディアジオ株式会社、株式会社烏城ビクセル、BAR Twin soul、テキーラハウス、MEXICAN BAR Aguacate

全国テキーラ産業会議所 -Cámara Nacional de la Industria Tequilera

　全国テキーラ産業会議所（**CNIT**）は、ハリスコ州のグアダラハラにあるテキーラ業界最古の団体である。その目的は、テキーラをヒット商品として推進し、テキーラを取り巻く文化をメキシコの伝統的価値として促進していくこと。そして

自らをテキーラを守るための最前線に立つ組織と位置づけ、会員の共通利益を代表し、促進し、擁護することである。

同会議所は、テキーラの輸出に必要な法律に関する助言、行政手続きに関する説明などを行っている。年数回、テキーラ業界の統計数値を更新し、公式ホームページ（http://www.tequileros.org/）に掲載している。例えば、2010年12月のレポートには、同年同月末までのテキーラの総生産量は、アルコール度数40％で計算して2億5,740万リットルで、2008年から、アガベ100％テキーラの製造が通常のテキーラ（ミクストテキーラ）を超えたことが示されている。

日本テキーラ協会 -Japan Tequila Association

日本テキーラ協会は、2008年7月に林生馬氏によって設立された民間団体で、アガベ100％テキーラの持つ豊かで美味しく楽しい文化のコンセプトを世の中に広めていくことを目的としている。

18年間ロサンゼルスでエンターテインメントビジネスに携わっていた林氏は、多くのセレブたちがバーでアガベ100％テキーラをストレートで飲んだり、寿司やほかの料理と一緒に味わっている光景を何度となく目にした。ご自身はお酒が飲めなかったが、試しにアガベ100％テキーラを飲んでみたら、驚いたことに二日酔いにならなかった。

こうしてテキーラの魅力に取り憑かれた林氏は、今では、テキーラソムリエ講座を開催している。テキーラに関する基礎的知識を網羅し、ブラインド・テイスティング・セッションを含む全4回のセミナーである。詳細は同協会公式ホームページ（http://www.tequila.ac/）を参照されたい。これまでに日本テキーラ協会のテキーラソムリエ講座を受講した人の数は、500名を超える。

また、定期的にテキーラと料理のマリアージュや日本ラム協会などの団体と共同で数多くのイベントを開催している。

日本テキーラ協会の林生馬会長と広報の目時さん。Tーアワード授与式はメキシコ大使館で行われた。お2人が手にしているのが認定プレート（2011年6月）

CHAPTER2-4: Brands Bottled Abroad

4 海外で瓶詰めされるテキーラ

　アガベ100%テキーラは、混ざりものがない品質であることを保証するために、メキシコ国内で瓶詰めされ、メキシコから輸出されなければならない。ミクストテキーラやテキーラベースのドリンクなど、ほかのタイプのテキーラはバルクでの輸出や海外での瓶詰めができるが、瓶詰めするメーカーはテキーラ規制委員会（CRT）に登録して、指示に従って作業を行う必要がある。

　CRTは、認定メーカーと登録ブランドのリストを随時更新していて、そのリストはホームページで確認できる（http://www.crt.org.mx/の"TEQUILA BRANDS"参照のこと）。リストでは製品の瓶詰めがメキシコ国内か海外か、またテキーラベースのドリンクかによって、3つに分けてある。テキーラベースのドリンクについては、現在、70前後のブランドが登録されている。テキーラ・リキュール、テキーラ・クリームやテキーラベースのカクテルなどがそうだ。

　なお、本書の第6章には最新のメキシコ国内瓶詰めブランド一覧を掲載した。

認定メーカーとブランドの数　2012年6月4日現在

メキシコ国内で瓶詰め	メーカー：	145社
	ブランド：	1,276ブランド
海外で瓶詰め	メーカー：	30社
	ブランド：	245ブランド
	輸出先：	21か国

テキーラの瓶詰めが行われている国と取り扱うブランド数　(2012年6月4日現在)

国	ブランドの数
ベネズエラ / Venezuela	1
スイス / Suiza	1
ルーマニア / Rumania	1
ドミニカ / Republica Dominicana	1
イギリス / Reino Unido de la Gran Bretaña e Irlanda del Norte	3
プエルトリコ / Puerto Rico	1
ポルトガル / Portugal	1
ニュージーランド / Nueva Zelandia	2
マレーシア / Malasia	1
日本 / Japon	1
イタリア / Italia	4
インド / India	1
フランス / Francia	24
フィリピン / Filipinas	2
アメリカ合衆国 / Estados Unidos de America	89
スペイン / España	51
カナダ / Canada	8
ブルガリア / Bulgaria	1
ベルギー / Belgica	23
オーストラリア / Australia	5
ドイツ / Alemania	24

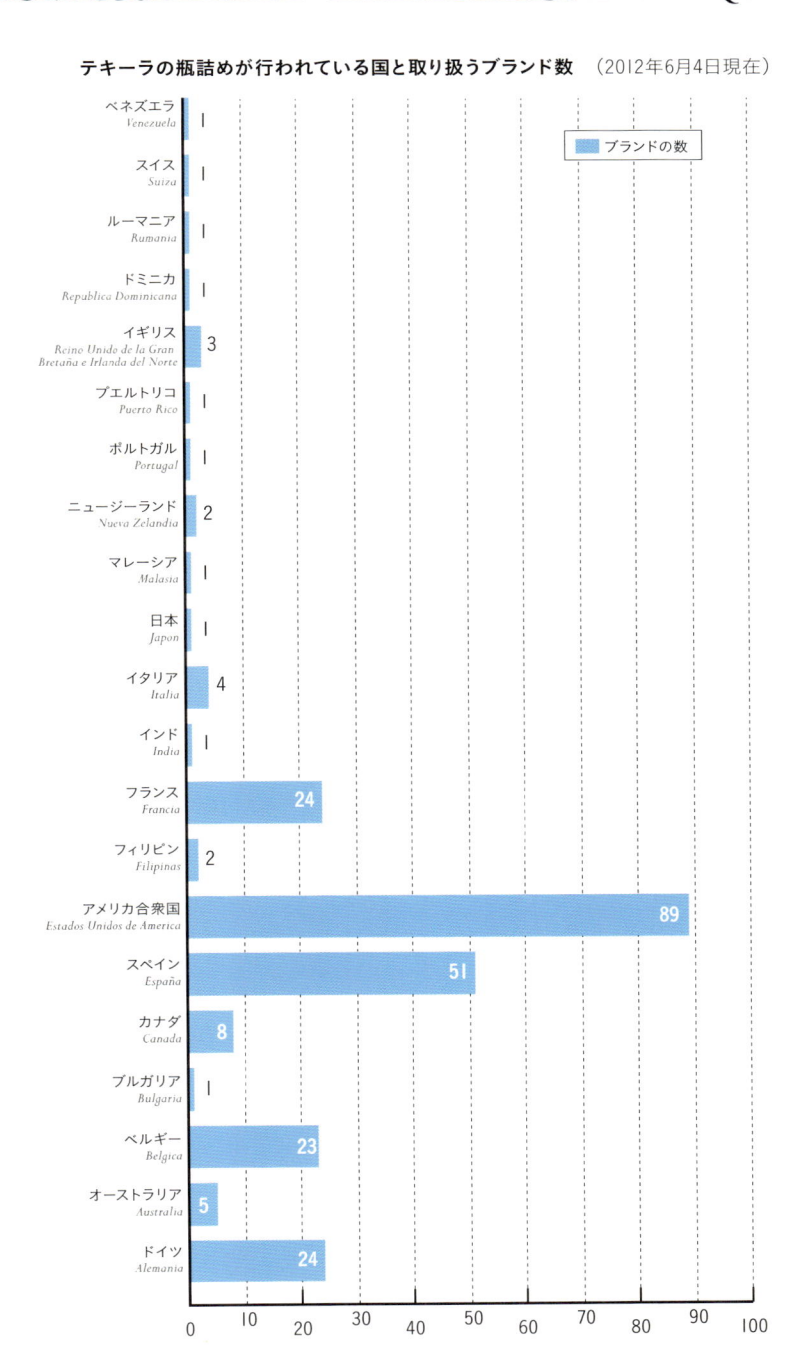

II テキーラとは何か

CHAPTER2-5: Manufacture and an exporting activity
5 テキーラの製造および輸出動向

　現在、メキシコで製造されるテキーラの半分以上が海外へ輸出されている。このことは興味深い。ここに示したのはテキーラ規制委員会（CRT）のデータベースから引用したグラフであるが、見て取れるようにテキーラの生産量は1995年以降、アルコール度数40％で計算して1億430万リットルから2011年には2億6,110万リットルと、目に見えて増大した。2008年に3億1,210万リットルに達したあと、2009年にいったん2億4,900万リットルまで落ち込んでいるが、この大幅な落ち込みは、おそらくその年の世界的な経済危機の影響だったと考えられる。2010年に生産は回復し、その後増大傾向が続いている。

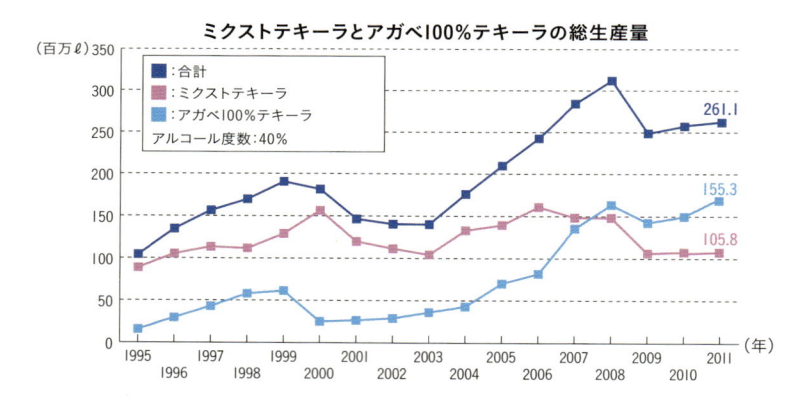

ミクストテキーラとアガベ100％テキーラの総生産量

（百万ℓ）
- 合計
- ミクストテキーラ
- アガベ100％テキーラ
- アルコール度数：40％

2011年：合計 261.1、アガベ100％テキーラ 155.3、ミクストテキーラ 105.8

　データベースからは、2008年から完全にアガベ100％テキーラの生産量が通常のテキーラの生産量を上回っていることも見て取れる。2011年のアガベ100％テキーラの生産量は1億5,530万リットルで、ミクストテキーラは1億580万リットルだった。つまり、テキーラの総生産量の59％がアガベ100％テキーラで、41％が通常のミクストテキーラという比率だ。

　2011年に生産された2億6,110万リットルのうち1億6,390万リットル、つまり63％が海外に輸出された。そのうちの34％（5,580万リットル）がアガベ100％テキーラで、66％がミクストテキーラだ。

ミクストテキーラとアガベ100%テキーラの分類別輸出量

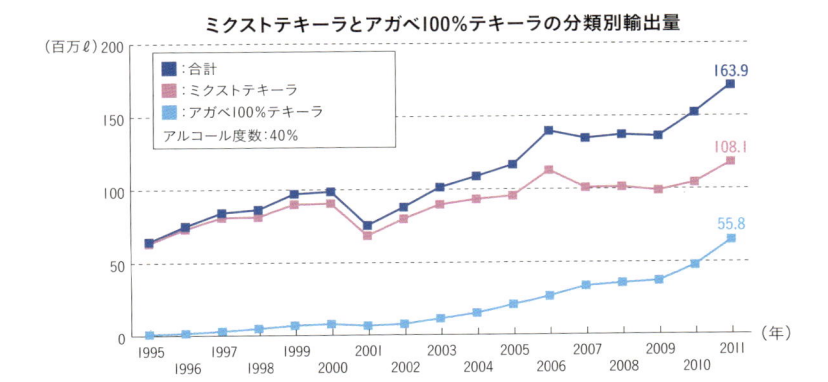

(百万ℓ)
- :合計
- :ミクストテキーラ
- :アガベ100%テキーラ
- アルコール度数：40%

2011年：合計 163.9、ミクストテキーラ 108.1、アガベ100%テキーラ 55.8

　メキシコには1200以上のテキーラのブランドが登録されているが、海外では、アガベ100％テキーラとミクストテキーラの価格差はかなり縮まってきている。プレミアムテキーラ（日本ではアガベ100％テキーラはこのように呼ばれている）の価格は、ミクストテキーラの価格の1.5倍から3倍程度となっている。

　このことから何が推測できるだろうか。テキーラというメキシコの伝統的な酒は、その名称が世界的に知られているが、基本的には安いドリンクで、今なおカクテルやショット向けが圧倒的であること。そしてゆっくりとストレートで味わうものとしての認識が乏しいということだ。

　輸出されるテキーラの52%はバルクである。コスト低減と海外市場での価格を低く抑えておくために、テキーラの液だけが輸出されて、瓶詰めは海外でなされるのだ。このことからも、先のような推測がより説得力を持つようだ。

　グラフから計算すると、瓶詰めして輸出されるテキーラ7,820万リットルのう

型式別輸出量

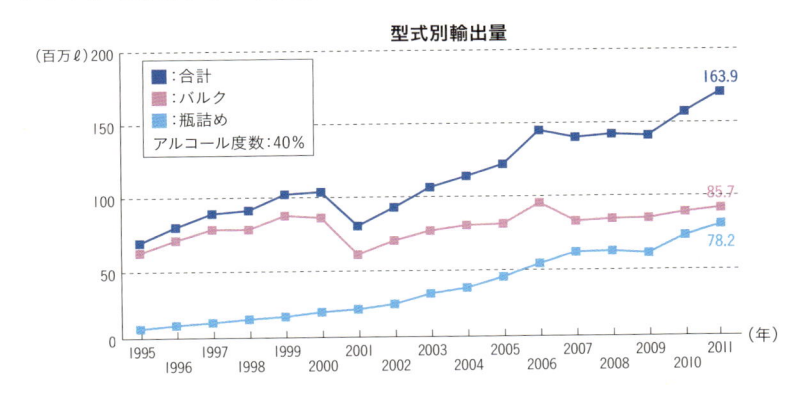

(百万ℓ)
- :合計
- :バルク
- :瓶詰め
- アルコール度数：40%

2011年：合計 163.9、バルク 85.7、瓶詰め 78.2

Ⅱ テキーラとは何か

ち2,240万リットルがミクストテキーラであることがわかる。アガベ100%テキーラの輸出には、規則によってメキシコ国内で瓶詰めする必要があるからだ。

　下のグラフは、世界のテキーラの輸入上位15か国を示しているが、大量の輸入量で他国を圧倒しているアメリカ合衆国は別格扱いのためか、そこには含まれていない。2010年のテキーラ総生産量2億5,750万リットルの59%が輸出され、その内アメリカ合衆国だけで1億1,834万4,023リットル分のテキーラを輸入しており、メキシコに次ぐ世界最大のテキーラ市場となっていることがわかる。

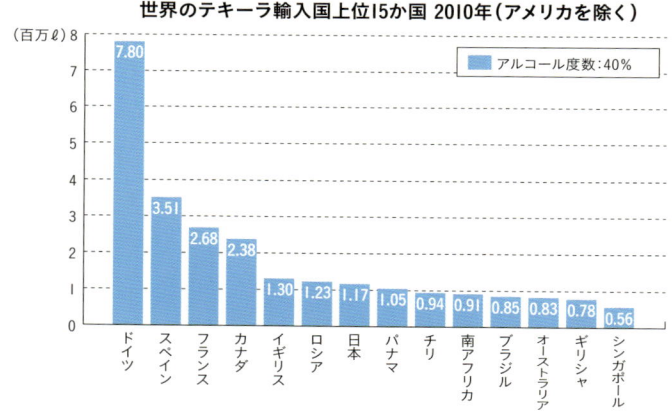

世界のテキーラ輸入国上位15か国 2010年（アメリカを除く）
（百万ℓ）　アルコール度数：40%

国	百万ℓ
ドイツ	7.80
スペイン	3.51
フランス	2.68
カナダ	2.38
イギリス	1.30
ロシア	1.23
日本	1.17
パナマ	1.05
チリ	0.94
南アフリカ	0.91
ブラジル	0.85
オーストラリア	0.83
ギリシャ	0.78
シンガポール	0.56

　要するに、世界の主要なテキーラ輸入国は、アメリカ合衆国、ドイツ、スペイン、フランス、カナダ、イギリス、ロシア、日本、パナマ、チリ、南アフリカ、ブラジル、オーストラリア、ギリシャとシンガポールである。

　次に示す表からは、アメリカ合衆国のテキーラ輸入量の中でアガベ100%テキーラとミクストテキーラの比率は4対6前後であることがわかる。消費者のアガベ100%テキーラに対する評価が高まり、次第に最新の流行になりつつあるため、消費は急速な拡大を見せている。

アメリカ合衆国のテキーラ輸入量（2010年） （ℓ）

総輸入量	118,344,023.00	アガベ100%テキーラ	44,766,460.41
		ミクストテキーラ	73,577,562.88

PREMIUM TEQUILA III

テキーラと伝統

CHAPTER3-1: Traditional drinks made from Agave

1 伝統的なアガベの飲み物

プルケ、メスカル、テキーラそしてソトル。これらメキシコの伝統的な飲み物をはっきりと理解してもらうのはとても重要なことである。そこで、それぞれの違い、どのような飲み物なのかを紹介することからはじめたい。

これら4つの中で最も古いものがプルケだ。第1章テキーラの歴史の「プルケの誕生と神話」のところで、マヤウエルの伝説として、古代先住民がメスカルとテキーラを生み出したこの酒をどのように発見したかを述べた。

プルケはアガベを搾った汁を発酵させてつくられるが、最も一般的な原料が「マゲイ・プルケロ」、英語ではアガベ・サルマニアとしても知られる「アガベ」だ。マゲイとは、メキシコ原産である約150もの種類があるアガベの最も広い呼び方である。

先住民はマゲイの搾り汁を得るためにさまざまな方法を考えた。マゲイの粘り気のある透明な液汁が滲み出てくるように、生きたマゲイの芯を開き、それを裂いてこすりつけるのがひとつの方法だ。こうして得られたマゲイの蜜は甘く、わずかな渋みがあり、糖分を含んでいるので清涼飲料や栄養ドリンクなどをつくるのに使われる。

メキシコ以外の地域でプルケを見かけることは滅多にない。なぜなら搾った汁を寝かせると自然発酵がはじまってしまい、ひとたびそうなると、途中で止めたりすることは困難だからだ。もし瓶に詰めれば、発酵が進んで瓶が割れてしまう可能性がある。透明だった色は発酵によって乳白色に変化する。アルコール度数

は低い。

　今日でもメキシコでは、多くの場所でプルケが飲まれている。安いたい大衆酒であるプルケを専門に出す酒場がその代表で「プルケリア」と呼ばれている。

　古代アステカ族は、マゲイを彼らの言語であったナワトル語で「メトル」または「メシカルメトル」と呼んでいた。まさに、メスカルの名称のルーツなのである。メシカルメトルとは、マゲイのピニャ、つまり芯を搾った液汁からつくられるアルコール度数の高い酒を指している。

最近は新しい技術で缶入りプルケもある。だが消費期間は2週間ほどと短い

　メキシコの古代先住民が酒の蒸溜に関する知識があったかどうかは歴史的に立証されていない。のちにスペイン人がアルコール度数の高い酒をつくるために、蒸溜技術を持ち込み、何種類かのプルケを蒸溜したことは明らかだ。要するに、プルケを蒸溜したものがメスカルである。メスカルやテキーラをつくるときにできる、発酵して蒸溜にかけられる状態になっている液体を「モスト」と呼ぶ。

　メスカルの製造で最も一般的な種類のアガベつまりマゲイは「マンソ」と「エスパディン」だ。その他の品種には「アロケンセ」「トバラ」などがある。テキーラが規則により2回以上の蒸溜を要するのに対して、メスカルは1回の蒸溜でメスカルと見なされる。

　メスカルも原産地呼称を持った100%メキシコの製品とされているので、メキシコにはメスカルの製造方法と本物であることを管理する規則、それを運営する団体がある。メスカルの製造が一番盛んなのはオアハカ州で、ベネバ、グサノ・ロホやオロ・デ・オアハカなど有名なブランドの産地だ。

　伝統的なメスカルの特徴のひとつはスモーキーな味と匂いだ。昔メスカルをつくっていた人々は、地面に幅の広い穴を掘ってかまどをつくった。そこにピニャを置き、マゲイの葉で覆い火をつけると、燃えた葉が焼けた果実から出た液汁にスモーキーな風味をつけた。

　しかし今日では、ピニャは金属製の大型蒸気釜であるアウトクラベの中で蒸される。メーカーによってはスモークの香りは、蒸している間に圧力をかけて中に煙を注入してつける。

III テキーラと伝統

「メスカル・デ・ペチューガ（鶏の胸肉風メスカル）」という呼び方を耳にすることがある。それは、風味付けのために鶏の胸肉2枚か七面鳥の胸肉1枚を発酵槽や蒸溜器の中に入れるという、昔ながらのメスカルの製法に由来するものだ。どちらに入れるかは地域によって違う。その他ハーブやフルーツなどが入れられる場合もある。

テキーラの瓶の中に虫（グサノ）が入っていると誤解されることが多いが、それはメスカルの間違いだ。メスカルの中にはそういう製品もある。これはアガベ畑などで生きているクリーンな虫で、衛生的に処理され瓶の中に入れられる。グサノ・デ・マゲイと呼ばれるこのいも虫は、油で炒めてチリパウダーと塩とレモンをかけてトルティージャに巻いて食べることができる。炒めるとオイリーでサクサクした食感だ。外見とは違って実に美味しいものだが、旬の珍味なのでかなり高価なご馳走になることもある。

メスカル「ベネバ」のレポサド。グサノ入りだ。

メスカルもテキーラと同様に、アガベ100％かアガベを60％以上含み、残りはその他の糖類であるミクストのメスカルに分けられる。

メスカルの製造は、メキシコの法律であるメキシコ公式規格のNOM-070-SCFI-1994にしたがい、「メキシコメスカル品質規制委員会（Consejo Mexicano Regulador de la Calidad del Mezcal）」略称COMERCAMの規制を受けている。そして、ドゥランゴ、グアナファト、ゲレロ、オアハカ、サン・ルイス・ポトシ、タマウリパス、サカ

テカスの7つの州で収穫されたアガベを使って、同地域内でつくられたものだけがメスカルなのだ。

他方、テキーラはハリスコ、ナヤリ、ミチョアカン、タマウリパス、グアナファトの5つの州内で収穫されたアガベを使って、同地域内でつくられたものに限定されている。

第1章で述べたように、テキーラの原料の51%以上はブルーアガベでなければならない。残りはピロンシージョ、サトウキビやその他の糖類でよい。テキーラには2回以上の蒸溜が必要であり、アルコール度数は35〜55%となっている。さらに、テキーラ規制委員会(CRT)の認定を受けた製品だけが「テキーラ」またはアガベ100%の場合に限って「アガベ100%テキーラ」のラベルを貼ることができる。

上記の規則を全てクリアしているテキーラでも、国内外のいずれの市場に対してもメーカーが登録をしない製品や、CRTから認定を受けていない製品はテキーラと呼ぶことができない。ポルフィディオ(Porfidio)というブランドがその一例だが、瓶には、アガベを原料とする蒸溜酒という意味の「アガベ蒸溜酒」のラベルが貼ってある。

簡単に言えば、全てのテキーラはメスカルの分類に入り、おおざっぱな言い方をすれば、全てのテキーラは特定の特徴を持ったメスカルだが、全てのメスカルはテキーラとは言えないのだ。

最後にソトルを見よう。やはり蒸溜酒だが、実は原料は全く別の植物である。ソトルの原料は、チワワ、コアウイラとドゥランゴといったメキシコ北部の州の砂漠に生育する、英語でデザートスプーンと呼ばれる学名ダシリリオン・ホイーレリという植物だ。チワワ州の地元先住民は、800年も前にソトルを発酵させてビール風の酒をつくっていたと言われている。のちに、やはりスペイン人の影響を受けてアルコール度数を高めるために蒸溜するようになった。

一生に一度しか開花しないアガベと違って、ソトルは数年に一度花茎をつける。この植物は成熟するのに15年を要し、成熟したらアガベと同じような形で収穫される。中心部から搾汁するために外側の葉を取り除くのだ。

CHAPTER3-2: The right tasting method of tequila

ラ・カタ ~La Cata~
2 テキーラの正しいテイスティング法

　　第4章「テキーラを使ったカクテルと料理」でもくわしく紹介しているが、テキーラにはいろいろな飲み方がある。

　ミクストテキーラかアガベ100%テキーラのどちらを飲むかということとは別に、ここでは「カタドール（Catador）」、スペイン語で利き酒師のことだが、彼らがどのようにテキーラをテイスティングするかを見てみよう。

　　カタドールの名称の由来である「ラ・カタ」とは、あるテキーラについて、ほかのテキーラと区別する特徴を発見し記録するために、テキーラを十二分にテイスティングして味わうプロセスのことだ。カタドールとはテキーラソムリエとも言えるだろう。どのようにカタ、つまりテキーラのテイスティングをするかがポイントだ。

　テイスティングは全種類のテキーラについて重要だが、アガベ100%テキーラについては特に重要であることを強調したい。実践を重ねることによって、さまざまなテキーラのわずかな違いをも捉えることができるようになるからだ。

　テイスティングには五感の全てを使う。CRT上海事務所代表のミルトン・イバン・アラトーレ・セルナ氏は、東京で開催されたセミナーで次のように説明した。

　「まず視覚からはじめて、次に嗅覚、味覚と進み、最後に触覚とサウンドまでも楽しむことができるんですよ！」

視覚　〜見て楽しむ

　テキーラを正しく味わうためには、リーデル社のテキーラグラスかスニフターグラスに注ぐのがベストだ。もしなければシャンパングラスでもかまわない。テキーラをグラスの4分の1から3分の1ぐらいを目安に注ぐ。グラスの脚を持ち、そのときにブランデーグラスの場合のように手のひらで包まないことがポイントだ。これは、テキーラに熱が伝わるとアルコール臭が強まり、隠れたかすかな香りを感知することが難しくなるからだ。

　一般にテキーラの飲みごろ温度については、アニェホは14℃未満、レポサドは12℃、そしてブランコは10℃と言われている。

　さて、グラスを目線の高さに持ち、中のテキーラを観察しよう。どんな色をしているだろう。透明なシルバー、琥珀、ゴールドか、あるいは麦わら、銅のような色を帯びているだろうか。クリスタルのように透明でピュアで不純物がないか、あるいは液体の中にアガベの残りかすが見つからないだろうか。

　ここで大事なポイントがある。蒸溜後のテキーラは全て濾過されるため、液体が透明であればあるほどテキーラの品質が良いということだ。

色にも実にさまざまなトーンがある。じっくりと見てみよう

　色と純度を楽しんだあとは、テキーラがグラスの内側に均等に広がるように、円を描くようにグラスを動かしてみよう。それから、グラスを置き、数秒間そのままにしておく。

　テキーラがグラスの内側の上部から滑り落ちるようすを見よう。落ちてゆくにつれて、いわゆるテキーラの「涙」や「脚」と呼ばれるものができる。涙になるか脚になるかは、テキーラ本来の

油分の量によって流れ落ちる形が変わる。これぐらいなら涙、もっと太ければ脚になる

III テキーラと伝統

油分の量によって決まる。

　テキーラのボディが緻密で比較的油分が多い場合、しっかりした脚がいくつかできて、逆に軽いテキーラには薄い涙ができる。テキーラのボディは、円を描くようにグラスの内側で動かしてみて、ボディがしっかりしたタイプか軽いものかをチェックすることができる。

　ブランコタイプのテキーラは涙ができて、レポサドやアニェホよりも原則的に軽いと言える。レポサドやアニェホは寝かせてあるので、樽の成分が自然にしみ込んでまろやかなコクのある味に仕上がるからだ。

嗅覚　〜匂いを楽しむ

　グラスを鼻に近づけて、テキーラの匂いを感じ取るようにしよう。トップノートとして、果実、スパイス、もしくはハーブのかすかな香りがするだろうか。それからグラスをさらに鼻に近づけて、もう一度匂いの違いを感じ取ってみよう。

　アルコール臭が強すぎるなら、鼻の位置をグラスの縁の上から真ん中、そして下へと動かして再度試してみよう。こうすることで、匂いの感知に変化が出る場合もあるからだ。

　次にグラスを左肩に軽く当てて、頭をしっかりと左側に向けてから、もう一度テキーラの匂いを嗅いでみよう。香りの違いが感知できるだろうか。それから、目線をそのままの高さに保って、グラスを右肩の方に動かしてみよう。ここでまた香りの違いを感じ取ってみよう。頭を戻して、グラスを正面に持ち、香りの違いがわかるかを再度試してみよう。

　カタドールは、9か所で香りの違いを感知しようとする。左肩へ、右肩へ、正面で、そして目線の高さを、下げる、真っすぐ、わずかに上げてみるというように変えてみるのだ。

　グラスの場所による香りの認識における違いは、脳による物の認識の仕方が頭と目線の位置と関係するからだと言われている。カタドールは、ある特定のテキーラの特徴的な香りを、それ以外の香りとより明確に識別するために、このテクニックを使うのだ。

　誰もが大きな違いを簡単に感知できるというわけではないが、片側での強いアルコール臭と、反対側でのハーブやスパイスの香りを嗅ぎ分けるのは比較的容易

PREMIUM TEQUILA

トップノートを調べる。グラスを動かしながら浅いところで嗅いでみたり、縁より深いところで嗅いでみて、アルコール臭がじゃまにならないところを探す。

左肩と右肩ではハーブやフルーツの微妙な違いを感じることができるはずだ。

左肩、右肩、正面のそれぞれの位置で、今度は目線の高さを下げる、真っすぐ、わずかに上げる、と変えることで、新たな香り、微妙な香りの変化を調べてみよう。

III テキーラと伝統

だ。こうした異なった香りを識別してから、カタドールは認識したものがどのような香りかを記録するのである。

味覚　〜味を楽しむ

とてもおもしろい集中的なテクニックを使って、テキーラのテイスティングをしてみよう。

スプーン一杯分のテキーラを口の中に入れて、舌で5秒から7秒間転がして、口の中全体と舌の背と裏および側縁にテキーラが行き渡るようにする。口と舌は多くの異なった味と感覚を覚えるだろう。舌の側縁の反応は、ちょうど口の中にライムジュースを含んだときのような感じだ。顎の周辺にある唾液腺がいくらか膨張して、口の中に唾液が分泌され、舌がいくらか感覚を失うこともある。数秒後には、舌はこのような感覚に慣れてしまうだろう。

それからテキーラを飲み込み、口からゆっくりと息を吐きながら、舌の周りに空気を通してテキーラの香り（ブーケ）を感じてみよう。もう一度、舌の周りに空気を通しながらゆっくりと息を吐いて、どのような味、香り、風味を認識できるかを観察してみよう。

最初に感じた香りの中にはっきりとしたものもあるだろうが、甘みと苦み、柑橘類の香りとスパイスなどのような隠れた味、そしてときには対立する味をも感知することができる。こうした風味が、テイスティングしているテキーラの特徴をはっきりと示すことになる。

もう一度スプーン一杯分のテキーラを口の中に入れて、最初に感知したハーモニーを確認してみよう。

この練習のポイントは、特定のブランドを特徴づける風味と香りのごくわずかな違いを発見するために、さまざまな感覚を使うことだ。

触覚　〜触れて楽しむ

テイスティングでは、上述のテクニックを使って違いを見つけることができるが、親指と人差し指の腹をテキーラで湿らせて、指を軽く動かしてみても、テキーラの密度とボディを感じることができる。

PREMIUM TEQUILA

　薄い、水っぽい、あるいは「ドライ」な感じがするテキーラがある一方で、厚みのあるもの、オイリーなもの、あるいはシルキーな感じがするテキーラもあるかもしれない。
　テキーラのボディは、発酵工程、熟成用の樽、原料の水の種類などによってかなり変わる。こうした変化は、テキーラに触れてみてわかることが多い。

　最後になるが、ミルトン氏はセミナーで、（まるでジョークのように言ったが、実はまんざらそうでもなく）テキーラは耳でも楽しめるのだと説明している。
　「乾杯」、スペイン語では「サルー！（¡Salud!）」。テキーラのグラスを合わせて乾杯するときのことだ。

チャムコスの工場でのテイスティング

3 アステカ

CHAPTER3-3: Azteca

テキーラは神秘的な話が多く、すべて、メキシコの豊かで複雑な歴史に関わっている。メキシコ人がテキーラについて語るとき、メスティソ（Mestizo）として一部スペイン人の血を受け継いでいるというよりも、むしろアステカ人に近いという感覚から語ると言っても過言ではない。

　ヨーロッパ人による征服以前に、メソアメリカ（メキシコおよび中米北西部）に住んでいた民族の中にアステカ族とマヤ族があった。彼らは簡易農業だけを営んでいた共同体や狩猟や採集を行っていた共同体とは異なり、都市社会を発展させた。

　これらの社会では、複雑な灌漑施設の建設や農業技術の利用が、農業生産と人口をコンスタントに拡大させる追い風になっていた。都市は発展し、社会構造は強い階級社会を特徴としていた。また、アステカとマヤでは、戦士と神官が特権階級を形成し、政治を司っていた。

　農民と都市労働者から成る住民の多くは、生産物や労役で多額の貢ぎ物をしなければならなかった。強大な神権政治の権力の中枢に神官が位置していて、国家元首は神と見なされていた。

　最初の都市は、宗教的で経済的な機能を果たしていた神殿の周囲につくられた。神殿は農民から徴収された貢ぎ物の保管・分配所であった。

　マヤ文明は11世紀には消滅していたので、スペイン人が到来した時点でメソアメリカに存在していた都市社会は、アステカとインカだけであった。アステカは、インカと同様に、すでに経済組織を構築しており、社会政策を実施し、文字と数字を使用していた。しかし宗教が最も重要な精神的な要であり、住民の日常生活の営みの大半を律していた。

アステカ族は、定住のための神聖な場所を求めて放浪を続けた後、14世紀初頭にメキシコ盆地に定住した。

　伝説によると、放浪の旅の途中テスココ湖に辿り着いたときに、鷲と蛇が1本のウチワサボテンをめぐって熾烈な争いを繰り広げているのを目にした。戦士の民であったアステカ族は、これこそが自らが探し求めていた神々のしるしであると解釈して、テスココ湖畔に定住し、テノチティトランという都市を築いた。

　強力な軍隊を擁していたアステカ族は、より良い土地と一層の政治権力を求めて、ほどなくして領土を拡張していった。遭遇した他部族を徐々に排除・征服した結果、全地域を支配下に置き、ついには帝国を築くにいたった。征服した諸部族には自治を認めていたが、アステカへの貢ぎ物を要求した。

　アステカ帝国が最大の領土を獲得したのは、スペイン人到来前の最後の皇帝モクテスマ2世（Moctezuma Xocoyotzín）の治世下であった。また、スペイン人が到来したときに、アステカの支配への不満を感じていた諸部族の多くが、反アステカでスペイン人と同盟を組んだことは特筆に値しよう。

　一方、テノチティトランの人口は約30万人であった。都市の中心には、神殿、球技場、宮殿や多くの庭園や菜園などを含む78棟の建物があった。

　農業はアステカ経済の要であり、トウモロコシ、カボチャ、インゲンマメなどが最も重要な作物であった。アステカの農業技術は、地域の地理的条件によって決められていた。灌漑施設と段々畑はよく利用されていたが、チナンパ農法が抜きん出ていた。チナンパとは湖の浮き島状の畑であり、そこで栽培が行われていた。

　主として物々交換に基づいていた交易は、他の地域の部族との物品の交換ができるほどの規模で展開されていた。商人たちは、カカオ、宝石、綿や貴重な羽などの高価で軽い品物を持って遠隔地まで出向いていた。

　アステカの社会は、基本的にピリ、マセウアレスと奴隷の3つのグループから成っていた。

　ピリとは貴族階級を指す。このグループに属していたのがトラトアニと呼ばれていた皇帝、神官、戦士、官僚であった。天文学、医学、書記の知識を持っていて、領土内の大部分の土地を所有し、貢ぎ物をする義務はなく、国家を支配していた。

　マセウアレス、つまり、非特権階級は、帝国のその他の住民を構成する一般労働者であった。農民、商人や職人たちであって、食物と労役で国家への貢ぎ物を

III テキーラと伝統

する義務があった。その貢ぎ物は神官、官僚や皇帝の食生活を支えていた。さらに、貴族の生活に係るプロジェクトが実施されるときに労役を提供する義務もあった。最後のグループは、主として戦争捕虜から成る奴隷たちであった。

アステカは神権国家であり、皇帝は神と見なされていて、神官は規範の遵守の管理と司法を含む多数の行政上の職務を担っていた。球技のようなことを行う特別な儀式に代表される数多くの神事には、貴族のみが参加を許されていたが、誕生、結婚、埋葬は全住民の参加が義務づけられている儀式だった。

官僚は、貢ぎ物として徴収した物品を一元的に管理していて、凶作や戦時の折には備蓄品の一部を住民に放出していた。

羽の生えた蛇であるケッツァルコアトル（Quetzalcoatl）は、アステカ族にとって主要な神々の1人であった。宗教はアステカ族の生活のあらゆる場面に浸透していた。征服はこうした神々の名の下になされ、人身御供の神事が行われて、生贄の心臓と血液が神に捧げられていた。

チャックモール（Chac Mool）像。「生贄」の際、皿に神にささげる心臓を受けた

スペイン人の到来以前、モクテスマ2世の治世末期に、白い人の姿をしたケッツァルコアトル神の帰還の予言や予兆があった。1510年に彗星が現れ、日食が起きたことから、先住民たちはこうした予言が実現に向かうと信じはじめるようになった。これらの自然現象は先住民にとっては災難であったが、スペイン人エルナン・コルテス（Hernán Cortés）が到着したとき、一時的にもコルテスをケッツァルコアトル神と勘違いしてしまうことになってしまったのである。

その当時、トラスカラ族はアステカ族に従属していたが、反アステカでスペイン人と同盟を結んだ最初の部族であり、スペイン人のテノチティトラン進軍を支援した。モクテスマ皇帝は、その阻止のためにコルテスに金銀の贈り物と共に使者を派遣したが、結果的に、スペイン人の強欲を募らせることになった。

エルナン・コルテスは1519年にアステカ帝国の首都に入城した。一応は平和

的な入城を装っていたが、先住民がコルテスを神々の使者かもしれないと思っていたこともその一因であった。

しかし、コルテスはモクテスマ皇帝を宮殿に幽閉した。その後スペイン人兵士が神殿で多くのアステカ貴族を殺害したことが、戦士クアウテモック率いる先住民の反乱を引き起こした。スペイン軍は、包囲され激しい攻撃を受けた。

アステカ族は矢と石の雨を降らせて攻撃を仕掛けたため、コルテスは退却を余儀なくされたが、残念なことに、当時幽閉されていたモクテスマ皇帝の命を奪うことにもなった。

「悲しき夜」"La Noche Triste"とスペインで呼ばれるこの出来事は、テノチティトランから逃げようとしたスペイン人たちは刀で突き刺されて、コルテスとわずかな部下だけが命からがら脱出した。この事件後、スペイン軍は再編成され、再度テノチティトランを攻撃する。今度はトラスカラ族の支援を新たに確保していたのと、また「マリンチェの裏切り」によって、スペイン軍はアステカを滅ぼし、全地域を制圧したのである。

テオティウアカン(Teotihuacan)。月のピラミッドから見た太陽のピラミッド

マリンチェは、当時のメキシコのある酋長の娘で、アステカ族の言語であるナワトル語とマヤ語を話した。奴隷としてコルテスに引き渡されていたこの女性が、アステカ族の敗北の主たる原因であったと考えられている。

スペイン人の中にマヤ語を話す司祭がいて、マリンチェはナワトル語をマヤ語に通訳し、司祭がマヤ語をスペイン語に訳した。だが、マリンチェはコルテスに想いを寄せて、情熱のおもむくままに、スペイン軍攻撃の戦略を練っていたアステカ族の秘密をスペイン人に広めるために、侵略者の攻撃の成功に貢献したと言われている。

このようにアステカが征服された後、スペインのカルロス5世はコルテスをアステカの地の新しい名称であるヌエバ・エスパーニャ総督に任命し、土地と財産の褒賞を与えた。それ以降、独立戦争にいたるまで、メキシコはスペイン帝国の植民地のひとつとなったのである。

CHAPTER3-4: Charreria

4 チャレリア

"Quien se viste de Charro se viste doblemente de Caballero."
このメキシコの言い回しを敢えて（勝手に）訳してみると、
「チャロの衣装をまとう者は騎士と紳士のいでたちをする」

　メキシコのそれぞれの地域には独自の伝統的衣装があるが、優雅で鮮やかなイメージのチャロ（Charro）の衣装は、世界中でメキシコを象徴するものとなっている。

　しかし、おもしろいことに外国人にメキシコ人の絵を描いてもらうと、サボテンの隣に座っている、カラフルなポンチョを着て、大きな麦わら帽子をかぶった、太った怠け者の男の絵となることが多い。ただ、こうしたイメージは多くのハリウッド映画で描かれているように、メキシコ革命以前のメキシコ人の貧しくて怠け者のイメージにつながるので、多くのメキシコ人にとってはかなり侮辱的なものに映りかねない。

　逆に、メキシコ人に伝統的なメキシコ人の絵を描いてもらうと、優雅さ、技能と騎士道精神を表すチャロの絵を誇らしげに描くだろう。チャロはメキシコ版のカウボーイと似ているが、勇敢さではチャロがはるかに勝っているのだ。

　チャロの原形は植民地時代にさかのぼり、経済開発と農業の進展、そしてアシエンダ、つまり大農園で牛の世話をする必要性が高まっていくにつれて進化していった。

　今ではメキシコの国技とされているチャレリアはこのチャロのことで、ロープや素手で牧牛や荒馬を馴らす仕事に由来している。

この国技の歴史は、植民地時代の始まりである1519年に、スペインのエストレマドゥーラ出身のエルナン・コルテスがキューバを出発し、メキシコの征服に乗り出した時期にはじまる。コルテスはメキシコ湾沿岸に到着するが、アステカ族の支配下にあった諸部族の目には、海の彼方から再来するという、白い肌で金髪碧眼の神であるケッツァルコアトルの伝説に映ったのだ。

コルテス率いるスペイン人は14頭の馬を連れて来たが、はじめ先住民には人間と馬が別々の生物であると認識できなかったため、アステカ族からの解放のためにケッツァルコアトルと一緒に来てくれた半人半獣神だと信じてしまった。

大砲や銃を持ち、甲冑姿のスペイン人が優れているという思い込みに拍車をかけることになり、先住民はスペイン人に降伏してしまったのである。

勇ましさの中にも優雅さがあるチャロの衣装

女性のチャロもいる

のちに到着した16頭の馬は、タバスコの戦いではじめて姿を現したが、この足の長い動物は輸送だけでなく、新たな土地の征服には戦略的な武器としても使えることを先住民に見せつけた。そのとき以来、騎兵隊は戦闘部隊として威力を発揮しはじめたが、その性質上、先住民とメスティソ（先住民とスペイン人の混血）は1619年まで乗馬を禁止されていた。

しかし、経済成長が進むにつれて、広大な領土の中で膨大な数の牧牛を世話しなければならなかったため、植民地の弁務官と地主たちは、放牧地でメスティソの「カウボーイ」ばかりか、先住民の力も必要としはじめていったのである。

III テキーラと伝統

　こうした作業は、馬に乗りロープを使って行われたので、先住民が馬に乗るためには、地主に雇用されていなければならず、作業の際には革とスエードの服を身に付けていた。

　土地を守り牧牛の世話をするためには、多くの熟達した人手が必要になり、1619年にルイス・デ・トバル・ゴディネス総督は、イダルゴのバチュカにあったサン・ハビエル大農園で、初めて20人の先住民に許可証を与えた。こうして、彼らは馬に鞍、馬銜や拍車をつけて自由に乗れるようになった。

　チャレリアは、このときから、本当の意味でメキシコ的なものとしてスタートを切った。農地や放牧地での用具や作業服は、以前にはなかった独特の特徴を帯びるようになり、「チナコ（裕福でもなく腹心の使用人でもない騎手）」の服装から、粋で優雅なチャロの服装へと変化していったのだ。

リエンソス・チャロスのアリーナ

走る馬の足をロープで捕らえ、
腰に巻きつけ止める技

走り回る馬を停止させ、牧牛を馴らすという作業には、熟達した人手が必要だった。放牧地では日々、大農園の周りを気ままに走り回る牧牛を、頭数を数え、焼き印を押し、去勢したり売買する、「ロデオ」と呼ばれる専用の場所へと集めなければならなかった。この一連の作業には、絶妙なロープさばきで牧牛を捕まえることができる経験豊かな乗り手が必要だったのだ。

　こうした仕事が終わると打ち上げが開かれることがあった。そこではチャロたちが現われて、いわゆるロデオに似た「ハリペオ」と呼ばれる催し物が行われその会場で離れ業を披露していた。

　名の知れた達人は、ロープさばき、牡牛の尾を掴んで引き倒したり、牧牛に乗ったりする技を見せるために、ハリペオに招かれた。そこでは、地主やその家族、そして一般の人々が見物に訪れて、伝統料理とテキーラがふんだんに振る舞われた。マリアッチによる伝統音楽も祭りを盛り上げることになった。

　チャロは、時折、路面に瓶を投げて馬を全速力で走らせ、馬から振り落とされずに瓶を拾う技を披露した。こうした技が徐々にスポーツの形を成していった。そこでチャロは、馬に乗りながら牡牛を紐で縛り、引き倒す、あるいは、ロープや素手だけで荒馬や牡牛を馴らすという技を披露していた。

　チャレリアは、20世紀はじめのメキシコ革命後に、国技審議会によりスポーツとして認定・登録された。そのとき以来、チャレリアはリエンソス・チャロス（Lienzos Charros）と呼ばれる、専用の場所で行われるようになった。そこには厩舎、アリーナ（競技場）と荒馬や牡牛が登場するアリーナへの大きな通路がある。

　チャレリアの学校は、イダルゴ州に最初に設けられた後に、メキシコシティやグアダラハラに広がり、メキシコ全土で次第に受け入れられていった。

　こうして世代を超えて伝えられてきたチャレリアの技だが、子どものころから慣れ親しんだチャロの右に出る者はいない。大人になってから技をマスターするのは並大抵ではないからだ。

　チャレリアは、牧牛を相手にするという危険さのために極限スポーツとみなされている。このスポーツをする人は、乗馬を楽しむと同時にとても勇敢なのだ。

　最後に最もよく知られていて、そして極めて危険なチャレリアの鮮やかな技をいくつか紹介しよう。もちろん、このほかにもたくさんの技がある。

ラ・カラ　[La Cala]

　馬をフルスピードで走らせて、その直後に急停止させる。馬は停止しようとすると、ほとんど後ろ足で座るような姿になり、数mも滑るようすは興味深いものがある。
　停止した後、馬の足の1本を軸にして回転させ、次に逆方向に回転。それからまた回転させ、さらに、50m線の方へ後ろ向きに歩かせなければならない。

ピアレス　[Piales]

　通路へ走り出て来る牝馬を、投げたロープで後ろ足だけを縛って停止させる。これを行うチャロは、馬に乗ってロープを鞍頭にくくりつけ、牝馬を停止させるためにロープをぴんと張る。だが、急にロープを張るときに指を挟まないように気をつけないと、指が切り落とされてしまうこともあるのだ。

ヒネテオ・デ・トロ　[Jineteo de Toro]

　これはチャロが暴れ牡牛の背に乗り、牡牛が大人しくなるか、チャロが牡牛から振り落とされずに降りるまで、その背に乗り続ける競技だ。

ヒネテオ・デ・ジェグア
[Jineteo de Yegua]

　チャロが、暴れ牝馬がおとなしくなるまで、その背の上に乗り続ける。

コレオ　[Coleo]

　チャロは、通路へ走って出てくる牡牛を馬に乗って待つ。牡牛が出てくると、チャロは尾をつかみ、自分の足にくくりつける。スピードを上げて、牡牛を追い越したら、尾を掴んで引き回して倒す。

　この一連のアクションは、60m 以内でこなさなければならない。

パソ・デ・ラ・ムエルテ
[Paso de la Muerte]

　鞍をつけない馬に乗ったチャロが、ほかの3人のチャロが追いたてる暴れ牝馬に飛び移る競技。チャロは乗りかえた馬がおとなしくなるか、または自分のタイミングで馬から降りる。

(チャレリアに関する写真はすべてAsociación Nacional de Charros A.C. より提供)

CHAPTER3-5: Mariachi

5 マリアッチ

©CPTM/Foto: Ricardo Espinosa-reo

　メキシコの音楽は、テキーラと同様に、2つの異なった文化が融合してできたものだ。歴史家の見方では、メキシコの音楽はスペイン人修道士フアン・デ・パディジャ師が、コクラン（現在のハリスコ州コクラ）の先住民に説教するために歌詞と楽器を使いはじめた1533年ごろにはじまったとされる。

　先住民はこの音楽が気に入り、自分たちのグループにバイオリンを加えようと、パロ・デ・コロリン（Palo de Colorín）と呼ばれる素朴な木製の楽器をつくり出した。

　才能豊かな彼らは、ほどなくギターを使いやすいようにした。じきに、ビウエラ（Vihuela）という5弦で高音の小さなギターが加わった。これはフスト・ロドリゲス＝ニシェンという1人の先住民が、アルマジロの甲羅でつくったと言われている。のちに動物の腸線を弦として使う、大型で低音のギターであるギタロンが取り入れられた。

　このような宗教色を帯びた、メキシコとスペインの両文化が融合した民俗音楽は、16世紀から17世紀にかけて国中で流行りはじめ、そこに打楽器とメロディーが融合するにいたった。そして、スペイン舞踊と先住民の舞踊が組み合わさって、エル・ファンダンゴ（El Fandango）という新しいリズミカルな踊りと歌が生まれた。

　マリアッチ（複数ではマリアッチス）は、ハリスコ、ゲレロ、ミチョアカン、ナヤリおよびコリマの州に起源を持つメキシコの伝統的な楽団である。ロス・マリアッチスという名前は楽団全体を指すが、ウン・マリアッチという場合は1人の

楽団員のことだ。

　国際的には、マリアッチの音楽と衣装は、すぐにメキシコと結びつけられるほどで、陽気な演奏ぶりが世界的に有名だ。マリアッチとその音楽は、メキシコ文化のシンボルとして世界中に広まった。メキシコでは、マリアッチが結婚式や家族の集まり、セレナーデ、パーティー、歓迎会、国民的祝賀行事、名所、観光地やいくつかの国民の祝日に演奏するシーンはごく普通に見られる。

　マリアッチの音楽は、メキシコの西部が歴史的に発展していく中で育まれた、文化的な影響を強く受けた弦楽器が織りなす世界だ。楽団はバイオリン、トランペット、クラシックギター、ビウエラおよびギタロンで構成される。ハープが加わることもある。

　これらの楽器の中で、通常、ギタロンとビウエラが楽団に個性を与える要素となっている。ビウエラは、マリアッチの音楽に典型的な躍動的なリズム感を与える。

Mariachi Nacional de Méxicoのみなさん（Mariachi Nacional de Méxicoより提供）

III テキーラと伝統

　マリアッチはチャロと同様にエレガントな装いで、白い素敵な幅広のソンブレロをかぶっているが、チャロはマリアッチと見なされず、マリアッチはいつも乗馬ができるとは限らない。だが、マリアッチが、優雅さとメキシコの文化のシンボルとしてチャロの衣装に目をつけたことは確かだ。今日、マリアッチはステージの上では同じような衣装を身につけているが、普通は、チャロとマリアッチとは別物である。

　マリアッチに会えるよく知られた場所としては、グアダラハラの「マリアッチの広場」とメキシコシティの「ガリバルディ広場」がベストだ。両方とも名所であり、観光地でもあり、マリアッチの実演が見られる場所だ。

　また、メキシコのポップミュージックの進化に伴って、マリアッチとオーケストラやパーカッションなどとのフュージョンが行われるようになった。そこからクラシック音楽の演奏が盛んになり、またマリアッチのスタイルでのポップミュージックが生まれてきた。

　伝統的なアーティストと現代アーティストが、マリアッチの伴奏に合わせて共演することもあり、こうした演奏はとても感動的なものである。聴衆の心をひとつに結びつけ、メキシコのルーツを身近に感じさせてくれるのだ。

スペインバルセロナで活躍するMariachi Luna de México de「Ramón Aguirre」
(Partituras Todo Mariachiより提供)

女性のマリアッチ
Mariachi Femenino Alma Latina Colombia
(Partituras Todo Mariachiより提供)

PREMIUM TEQUILA IV

テキーラを使ったカクテルと料理

IV テキーラを使ったカクテルと料理

CHAPTER4-1 : Tequila and cocktails

1 ストレートで味わうテキーラと定番のカクテル

ストレート　　　　　　　　　　　　　　　　　　　【アガベ100％テキーラ】

　アガベ100％テキーラは、やはりストレートで飲んでほしい。その醍醐味を味わうには、まず色とボディを楽しみ、香りと出会ってから口に含み、持ち味を堪能していただきたい。

　テキーラをこのように味わうときにはスニフターグラスが望ましいが、シャンパングラスでも代用できる。メキシコではリーデルグラスがよく使われるが、こうした専用のグラスは、個々のテキーラの持つ特性を十分に引き出してくれるはずだ。

　ライムや塩は、アガベの風味と純粋なテキーラの香りを味わうには逆効果になる場合もある。好みにもよるが使わなくてもよい。しかし、口の中をリセットして、ほかのブランドや別タイプを味わえる状態に整えるには、塩とライムは、水やクラッカーなどと同様に役に立つだろう。アガベ100％テキーラの優れた持ち味を正しく理解したら、そのままストレートを楽しむもよし、あるいは、プレミアムテキーラカクテルにトライするもよしだ。

ショット ……………………………………………… 【ミクステキーラ】

　ミクステキーラは、伝統的な細長くて薄いテキーラグラスであるカバジートに注ぎ、塩とカットライムを添えるのが典型的な飲み方である。

　カバジートは世界の有名なテキーラショットバーで広く使われている。しかし、テキーラは一気に飲まなければならないわけではない。ライムをかじってからテキーラを一口すすり、それから塩を舐める。お好みのペースでグラスが空になるまで繰り返すのがいいだろう。

サングリータ〔Sangrita〕

　テキーラのチェイサーの中で最も古いのはサングリータだろう。レシピは数多くあるが、メインの材料はほとんど変わらない。

　テキーラを一口飲んでから、サングリータをすするのがベストであるが、テキーラとサングリータの両方を一度に口に含んでも、交互に飲んでも、どちらでもかまわない。

Cocktail recipe >>>>>>>>>>>>>>>>>>

トマトジュース	3/4
オレンジジュース	1/4
ライムジュース	1tsp
タバスコソース	3〜5滴
塩、こしょう	お好みで

すべての材料をカバジートかショートグラスに入れて、十分にステアする。

Ⅳ テキーラを使ったカクテルと料理

マルガリータ〔Margarita〕

　世界中で知られているテキーラベースのカクテルとしては最も古く、おそらく最も人気があるだろう。誕生にまつわる逸話はいくつかあるが、多くは男性が愛する女性のためにつくった特別な飲物であることからマルガリータという女性名が付いたとされる。つくり方は、主として、オレンジキュラソーかホワイトキュラソーを使うレシピ2つに分けられる。前者はソフトでフルーティー、後者はパンチの効いた味と柑橘類の風味が存在感を示す。

Cocktail recipe >>>>>>>>>>>>>>>>>>>

テキーラ・ブランコ	45ml
オレンジまたはホワイトキュラソー	30ml
ライムジュース	30ml

シェーカーに氷と材料を入れ、よくシェークする。縁に塩をつけたカクテルグラスに注ぐ。

フローズンマルガリータ〔Frozen margarita〕

　風味と色がバラエティに富んでいることから世界中で愛されている。マルガリータのスムージーバージョンと言っていい。マンゴー、イチゴ、パインなどの冷凍フルーツを材料にするところも多い。

Cocktail recipe >>>>>>>>>>>>>>>>>>>

テキーラ・ブランコ	30ml
オレンジまたはホワイトキュラソー	15ml
フローズンフルーツ	100g
クラッシュアイス	適量

材料をすべてブレンダーに入れ、シャーベット状になるまで撹拌する。口の広いカクテルグラスに注ぎ、短めのストローをさす。
濃度は氷の量で調整するとよい。写真はミックスベリー。

ブルーマルガリータ〔Blue Margarita〕

　マルガリータとほぼ同じつくり方。甘みや濃度を変えるために、シロップを少々使う方法もあれば、ブルーキュラソーの加減を変える方法もある。お好みの味や見た目に合わせて、材料の調整をするとよい。

Cocktail recipe >>>>>>>>>>>>>>>>>>>

テキーラ・ブランコ	45ml
ブルーキュラソー	30ml
ライムジュース	15ml

シェーカーに氷と材料を入れ、よくシェークする。氷を入れたロックグラスに注ぐ。

パロマ〔Paloma〕

　メキシコの女性に最も人気のあるカクテルのひとつだろう。自然な甘みで爽快な味わいのあるドリンクで、つくるのも簡単だ。このようなシンプルカクテルのつくり方は店によって多少変わってくるが、グレープフルーツジュースの代わりにグレープフルーツ味のソーダや、半分を100％ジュース、残りはソーダでフィルアップする方法もある。このへんは、つくる人のこだわりが出てくるだろう。

Cocktail recipe >>>>>>>>>>>>>>>>>>>

テキーラ・ブランコ	45ml
100％グレープフルーツジュース	適量

氷を入れたロンググラスにテキーラを注ぎ、100％グレープフルーツジュースを加えてよくステアする。

IV テキーラを使ったカクテルと料理

バンデリータ〔*Banderita*〕

　このカクテルの名前は、「旗」を意味するスペイン語"bandera"に由来している。3種類のドリンクをカバジートに注ぐという極めてシンプルなスタイルだ。どのグラスから飲みはじめてもよく、順番を変えてみるのも一興だろう。トマトジュースはテキーラとライムのあとに飲むのが一般的とはいえ、飲み方はお好み次第だ。アガベ100%テキーラとミクストテキーラのどちらを使っても素晴らしいカクテルができる。

　また、プレーンなトマトジュースではなく、スパイシーなサングリータを添えて出される場合も少なくない。

　ライムの緑、テキーラ・ブランコの白、トマトジュースの赤でメキシコの国旗の色を表現している。色と風味を楽しんでいただきたい。

Cocktail recipe >>>>>>>>>>>>>>>>>>>

テキーラ・ブランコ	45ml
ライムジュース	45ml
トマトジュース	45ml

各材料を別々のカバジートに注ぐ。

ラ・クカラチャ〔*La cucaracha*〕

　童謡でも知られる面白い名前をしたこのカクテルを味わうのは楽しい。このカクテルこそ、すぐに飲んでいただきたい。一気飲みしないと炎でストローが溶けてしまうから！

Cocktail recipe >>>>>>>>>>>>>>>>>>>

テキーラ・ブランコ	45ml
コーヒーリキュール	45ml

ショットタイプのグラスにコーヒーリキュールを注ぎ、その上にテキーラ・ブランコを注いだらライターで火をつける。グラスにストローを添えて完成。

※炎を長くつけているとグラスが割れることがあるので要注意

テキーラサンライズ〔Tequila sunrise〕

　マルガリータに次いで最もよく知られているテキーラベースのカクテルと言えるだろう。世界中で広く愛飲されているこのカクテルは、赤とオレンジのツートンカラーが印象的だ。

Cocktail recipe >>>>>>>>>>>>>>>>>

テキーラ・ブランコ	45ml
オレンジジュース	適量
グレナデンシロップ	10ml

　グラスに氷を入れてテキーラを加える。オレンジジュースを十分に注いでよくステアする。グレナデンシロップをグラスの底まで沈んで赤い層をつくるように静かに加える。ストローを添えてレモンまたはチェリーを飾る。

テキーラサンセット〔Tequila sunset〕

　テキーラサンセットはフローズンカクテルで、つくり方はフローズンマルガリータと同様だ。広めのマルガリータグラスで出すのもいいだろう。

Cocktail recipe >>>>>>>>>>>>>>>>>

テキーラ・ブランコ	45ml
レモンジュース	20ml
グレナデンシロップ	10ml
クラッシュアイス	適量

　材料をすべてブレンダーに入れ、シャーベット状になるまで撹拌する。口の広いカクテルグラスに注ぎ、短めのストローをさす。

エル・ディアブロ〔El Diablo〕

スペイン語で悪魔というこのカクテルの名前の由来は、悪魔のような赤い色をしていることと、わずかにスパイシーだが爽快な風味であることだ。

Cocktail recipe >>>>>>>>>>>>>>>>>>>

テキーラ・ブランコ	45ml
カシスリキュール	30ml
ライムジュース	15ml
ジンジャーエール	適量

ロングドリンクグラスに氷を入れて、テキーラ、カシスリキュールとライムジュースを注ぐ。ジンジャーエールを加えてよくステアし、スライスライムを添える。

メキシコーラ〔Mexicola〕

やや甘いロングドリンクが好きな人向け。つくり方はとても簡単だ。

Cocktail recipe >>>>>>>>>>>>>>>>>>>

テキーラ・ブランコ	45ml
カットライムを搾ったジュース	5ml
コーラ	適量

氷を入れたグラスにテキーラを注ぎ、カットライムのジュースを搾り入れる。ライムはそのままグラスの中に入れ、コーラを十分に注いで軽くステアする。

PREMIUM TEQUILA

ダーティーアシュトレイ〔Dirty Ashtray〕

ある歌舞伎役者が、一緒に飲んでいた仲間にテキーラを灰皿で飲ませたとされるエピソードから有名になった。色合いがまさに名前を表しているが、味はコーラを入れないロングアイランドアイスティーに似ている。

Cocktail recipe >>>>>>>>>>>>>>>>>>>

テキーラ・ブランコ	15ml
ウォッカ	15ml
ホワイトラム	15ml
ジン	25ml
ブルーキュラソー	15ml
グレナデンシロップ	15ml
パインジュース	45ml
ソーダ	適量

グラスに氷を入れ、材料を加える。ソーダを十分に注ぎ、ステアする。

マタドール〔Matador〕

メキシコの闘牛士が名前の由来。

Cocktail recipe >>>>>>>>>>>>>>>>>>>

テキーラ・ブランコ	30ml
パインジュース	45ml
ライムジュース	15ml

シェーカーに材料を入れて、シェークする。氷を入れたロックグラスに注ぐ。

IV テキーラを使ったカクテルと料理

テキーラトニック〔Tequila tonic〕

このカクテルはとてもシンプルで爽快な味わいだ。テコニック(Tequonic)とも呼ばれている。

Cocktail recipe >>>>>>>>>>>>>>>>>

テキーラ・ブランコ	45ml
カットライムを搾ったジュース	5ml
トニックウォーター	適量

氷を入れたグラスにテキーラを注ぎ、カットライムのジュースを搾り入れる。ライムはそのままグラスの中に入れる。さらに、トニックウォーターを十分に注いでから、軽くステアする。

テキーラハイボール〔Tequila highball〕

メキシコでは、このカクテルには特に名前が付けられてはいないが、テキーラ・レポサドの飲み方としてはごく一般的だ。

色を濃くまた味を甘くするために、最後にコーラを加えることがあり、「ピンタディト」と呼ばれる場合もある。基本的には次のようにつくる。

Cocktail recipe >>>>>>>>>>>>>>>>>

テキーラ・レポサド	80ml
ソーダ	適量

ハイボールグラスに氷を入れてテキーラを加え、ソーダを十分に注いで軽くステアする。

PREMIUM TEQUILA

バンピロ〔*Vampiro*〕

バンピロとは、スペイン語で「吸血鬼(バンパイア)」を意味する。カクテルの色と、わずかにスパイシーな味からその名前がつけられた。

Cocktail recipe >>>>>>>>>>>>>>>>>>>

テキーラ・ブランコ	45ml
オレンジジュース	45ml
トマトジュース	適量
塩、こしょう、タバスコソース	少々

氷を入れたロンググラスにテキーラとオレンジジュースを入れる。トマトジュースを十分に注ぎ、塩、こしょうを少々、タバスコソースを数滴加える。よくステアする。

ブレイブブル〔*Brave bull*〕

スペイン語では"トロ・ブラボ"。これほど簡単につくれるカクテルはほかにないだろう。氷が溶けるにつれて当初の強い甘みが徐々に薄れ、滑らかになっていくのがわかる。食後酒として一押しのカクテルだ。

Cocktail recipe >>>>>>>>>>>>>>>>>>>

テキーラ・ブランコまたはアニェホ	45ml
カルーア	30ml

氷を入れたロックグラスに材料を入れてステアする。

Ⅳ テキーラを使ったカクテルと料理

CHAPTER4-2: Mexican Food & Dessert Recipes with Tequila

テキーラを使った 2 メキシコ料理とデザート

Costillas de Puerco

スペアリブ

Recipe >>>4人分

豚スペアリブ		800g
A	醤油	100ml
	テキーラ・ブランコ	100ml
	砂糖	大さじ6
ニンニク		3片
ラード		10g

フライパンにラードをひき、スライスしたニンニクを焦がさないようにきつね色になるまで炒める。ニンニクを取り出してスペアリブを入れ、両側が十分にきつね色になるまで焼く。
よく混ぜ合わせた A を加えて、焦がさないように注意しながら、グレービー状になるまで煮詰める。

Tacos de Camarones y Res
タコス2種 シュリンプとビーフ

Recipe >>>各4人分

A シュリンプ
むきエビ	300g
トマト	2個
ニンニク	2片
紫タマネギ	1/2個
コリアンダー	2本
チポトレとうがらし	1本
テキーラ・ブランコ	15 ml
おろしチーズ	130g
カールレタス	3〜4枚
トルティージャ（小麦）	8枚
サラダ油	大さじ1
塩	少々

B ビーフ
ステーキ用牛肉	4枚
タマネギ	1/2個
ピーマン	2個
レモン汁	30ml
テキーラ・ブランコ	30ml
カールレタス	3〜4枚
パプリカ（好みで）	適宜
トルティージャ（小麦）	8枚
サラダ油	大さじ1
塩・こしょう	少々

トマト、ニンニク、紫タマネギとチポトレとうがらしをみじん切りにして、サラダ油をひいたフライパンで炒める。むきエビを加え、テキーラを入れる。塩で味をととのえ、おろしチーズと刻んだコリアンダーを加えて火を止める。

牛肉は細切りにし、タマネギは短冊切りにする。ピーマンは炙って皮をむき、細切りにしておく。フライパンに油をひき、タマネギを炒める。牛肉を加えてきつね色になるまで焼き、塩こしょうして、レモン汁とテキーラを加える。
5〜6分ほど焼いて、汁を少し煮詰める（このときの汁は、アドボ風ソースとしてほかのレシピで使うことができる）。
ピーマンを加えてさっとからめたら火を止める。

Aと**B**をそれぞれ適当な大きさに切ったカールレタスをしいたトルティージャにのせて、細切りにしたパプリカを添えて巻く。

Ⅳ テキーラを使ったカクテルと料理

Sardinas con Cítricos

イワシと柑橘類のホイル焼き

Recipe >>>4人分

イワシ	4尾
A ┌ オレンジ	1個
├ コリアンダー	1本
├ ニンニク	2片
├ テキーラ・ブランコ	大さじ1
└ オリーブオイル	大さじ3
グレープフルーツ（輪切り）	4切れ
ガーリックソルト	

イワシの内臓を取ってきれいに洗い、水気をよく取ってガーリックソルトをふる。オレンジは搾ってジュースにし、コリアンダーとニンニクはみじん切りにする。

Aの材料を混ぜ合わせる。ア
ホイルにグレープフルーツを並べ、上にイワシをのせてアをかける。ホイルの上部をつまんで包み、フライパンにのせ弱火で20分焼く。

PREMIUM TEQUILA

Muslos de Pollo con Cítricos y Ensalada de Arroz

鶏手羽元の柑橘煮とライスサラダ

Recipe >>各4人分

A 鶏手羽元の柑橘煮
鶏手羽元	1パック（約700g）
オレンジの搾り汁	100ml
レモン汁	30 ml
テキーラ・ブランコ	30 ml
サラダ油	大さじ2
塩	ひとつまみ
黒こしょう	少々

B ライスサラダ
ご飯（炊きたて）	250g
赤・黄パプリカ	各1/2個
コリアンダー	1本
オリーブオイル	大さじ1
アドボ風ソース	大さじ1
塩	ひとつまみ

大きめのビニール袋に鶏手羽元以外の材料を全部入れてよく混ぜる。鶏手羽元を入れて4時間以上漬け込んでおく。
油をひいたフライパンで鶏手羽元だけをきつね色になるまで焼いたら、残りの漬け汁を入れて煮詰める。（この煮詰めたソースはアドボ風ソースとして使う）

パプリカはさいの目切り、コリアンダーはみじん切りにする。オリーブオイルとアドボ風ソースを混ぜて熱いご飯にかける。その他の材料を加えて手早く混ぜ合わせる。

テキーラムース
〔*Mousse de Tequila*〕

Recipe >>>>>>>>>>>>>>>>>>>>>>4人分

粉末ゼラチン	5g
砂糖	200g
塩	ひとつまみ
卵(卵白と卵黄にわける)	4個
レモン汁	大さじ3
水	大さじ2
テキーラ・ブランコ	50ml
おろしレモンピール	少々

粉末ゼラチンと砂糖100gと塩を混ぜ合わせておく。ア
大きめの容器に卵黄を入れ、とろみがつきクリーム状になるまで泡立てる。レモン汁と水を加え、さらに泡立てる。アと合わせてフライパンに移し、ゼラチンが溶けるまでよく混ぜながら5分ほど弱火にかける。火から下ろしてテキーラとレモンピールを加え、冷ましてから冷蔵庫へ入れて固まるまで20分ほど冷やす。イ
大きめの容器に卵白を入れ、角が立つまで残りの砂糖を少しずつ加えながら泡立てる。イを加えてよく混ぜたら器に入れて冷蔵庫で2時間冷やす。お好みで上にレモンピールを飾る。

バナナフランベ
〔*Plátanos Flameados*〕

Recipe >>>>>>>>>>>>>>>>>>>>>>4人分

バナナ	4本
テキーラ・ブランコ	大さじ1
オレンジの搾り汁	100ml
砂糖	20g
バター	40g
インスタントコーヒー	大さじ1
バニラアイス	好みで
ミント	好みで

オレンジの搾り汁50mlにインスタントコーヒーをよく溶かしておく。ア
バナナは縦半分に切る。
フライパンでバターを焦がさないように溶かし、砂糖と残りのオレンジの搾り汁を加える。砂糖が溶けたらアとバナナを入れ、火が通り過ぎないように加熱する。フライパンを火から下ろしてすばやくテキーラを入れ、直ぐに火に戻しフランベする。アルコールが蒸発して火が消えたら冷ます。皿に移しバニラアイスとミントの葉を添える。

焼きリンゴ
〔*Manzana al Horno*〕

Recipe >>>>>>>>>>>>>>>>>>>>>>4人分

リンゴ	2個
砂糖	100g
オレンジの搾り汁	150ml
テキーラ・ブランコ	100ml

リンゴは皮をむいて4等分し、片側を切り離さないようにうす切りにする。180℃に熱したオーブンで柔らかくなるまで20分焼く。
フライパンで砂糖をカラメル状になるまであたため、オレンジの搾り汁とテキーラを加えてソースをつくり、焼きリンゴにかける。あら熱がとれたら冷蔵庫で冷やす。

テキーラシャーベット
〔*Sorbete de Tequila*〕

Recipe >>>>>>>>>>>>>>>>>>>>>>4人分

テキーラ・ブランコ	100ml
コアントロー	100ml
レモン汁	50ml
卵白	2個分
水	500ml

卵白以外の材料を混ぜ合わせて冷凍しておく。　ア
卵白をヌガー状になるまで泡立てたら、　ア　をミキサーにかけて卵白を少しずつ加えていく。全体が均一に細かくなったら再び冷凍する。カクテルグラスなどに盛り付ける際はお好みで縁にレモン汁をぬって塩をつけてもよい。

世界遺産
エル・パイサヘ・アガベロ

「エル・パイサヘ・アガベロ(El Paisaje Agavero)」として知られている、約3万5千ヘクタールにわたる巨大なアガベ畑の地域とそこにある古代テキーラ産業施設群(Agave Landscape and Ancient Industrial Facilities of Tequila)は、2006年7月に文化的景観のカテゴリーで、ユネスコの世界遺産リストに登録された。

この風景には、エル・アレナル(El Arenal)、アマティタン(Amatitán)、テキーラ(Tequila)、マグダレナ(Magdalena)とテウチトラン(Teuchitlán)の地域が含まれているが、ここでは16世紀からアガベがテキーラの生産に使われている。また、アガベはその豊富な繊維を介して発酵飲料や衣類をつくるために、少なくとも2000年前から利用されていることが分かっている。つまり、この地域の風景は、特別なアイデンティティや特徴を持っているのである。

エル・パイサヘ・アガベロの中を通るのは、「ラ・ルータ・デル・テキーラ(La Ruta del Tequila)」だ。これは、エル・アレナルからマグダレナまで伸びるルートのことである。このルート沿いにある企業やテキーラの産業をより盛んにするために、メキシコ政府によってつくられた。このルートを通ってアマティタンの村に着くと、村の中央広場にはユネスコの世界遺産の石碑が飾られている。伝統の空気に包まれた小さな広場である。

また、ラ・ルータ・デル・テキーラ沿いでは、オパール鉱山(Opal Mine)や黒曜石の民芸品や高度2,900mのテキーラ火山なども楽しむことができる。

品質とサービスを示すプレート。ルート沿いの店などで見られる

PREMIUM TEQUILA V

プレミアムテキーラが飲めるお店

V プレミアムテキーラが飲めるお店

CHAPTER5: Suggested Restaurants & Bars

　こ こにご紹介する5つのお店は、テキーラ規制委員会(CRT)の「T－アワード」セミナーを受講して、テキーラの基礎知識をしっかり持っているレストランやバーである。

　これらのお店に行ってみれば、スタッフの方とかなり奥深いプレミアムテキーラの話ができるに違いない。

アガヴェ　CRT認定店
―――― AGAVE

〒106-0032 東京都港区六本木7-15-10
　　　　　　クローバービルB1F
TEL&FAX：03-3497-0229
http://www.agave.jp/
18：30〜翌2：00（金・土 〜翌4：00）
日曜・祝日定休

お店より

テキーラとメスカル400種類以上を揃える世界最大級のテキーラバー。14年前の開店当時からのオリジナルカクテル「マルガリータ・ドン・アガベ」や「フローズンフルーツマルガリータ」も人気。シガーやメキシコのフィンガーフードも豊富。

スモーレスト・バー　CRT認定店
―――― Smallest Bar

〒130-0022 東京都墨田区江東橋2-6-5
　　　　　　アイエスビル3F
TEL：03-3846-8808
http://smalllestbar.com/
19：00〜深夜　月曜定休

お店より

テキーラ&メスカルは90種類以上。まだまだ増加中！　珍しい物も随時何本かございます。ワイルドな街・錦糸町で落ち着いて飲める癒し空間。店名の1つ多い「L」にLoveとLuckを込めて営業中！
（店主の故郷山形の地ビール月山も飲めます）

PREMIUM TEQUILA

テキーラハウス高円寺 CRT認定店
TEQUILA HOUSE

〒166-0003 東京都杉並区高円寺南3-23-19
TEL：03-6750-9439
http://d.hatena.ne.jp/tacoscafe/
17：00～翌1：00（金・土 ～翌2：00）
定休日なし

お店より

生地から手づくりのタコス、アボカド・メキシコ料理と約90種のテキーラが楽しめるテキーラハウス。生搾りグレープフルーツのパロマなど、フルーツ×テキーラカクテルも豊富で、テキーラビギナーにも楽しんでいただけるお店です。

テピート CRT認定店
Mexican Restaurant Tepito

〒155-0031 東京都世田谷区北沢2-34-8
　　　　　　KMビル3F
TEL：03-3460-1077　FAX：03-3460-4932
http://www.tepito.jp/
18：00～23：30（日～22：00）　月曜定休

お店より

演劇文化の街として知られる下北沢に2008年より営業開始。長く懐石料理にたずさわってきたオーナーシェフが生み出すメキシコ料理は、メキシコ人やメキシコ通な人たちから高い支持を受けています。テキーラも100種類という品揃えで楽しめます。

マヤウエル CRT認定店
Mayahuel Premium Tequila & Mezcal

〒106-0032 東京都港区六本木3-15-24
　　　　　　六本木BOXビル1F
TEL&FAX：03-6804-1851
http://www.mayahuel.jp/
18：00～翌5：00　日曜・祝日定休

お店より

六本木の喧騒にこじんまりと佇む本格派プレミアムテキーラバー。テキーラつかいの駆け込み寺的なお店であるとともに、六本木の憩いの場でも。充実したテキーララインナップと一緒に、朝までゆったりとメキシコ時間を堪能できるお店です。

※マヤウエルは2016年8月に閉店しています。

Ⅴ プレミアムテキーラが飲めるお店

　メキシコ料理が食文化としてユネスコの世界無形文化遺産に登録された関係もあるかもしれないが、最近、日本全国でメキシコをコンセプトとしたレストランが急激に増えている。プレミアムテキーラバーとして営業するお店もあれば、本場メキシコ料理をテーマにしているお店、また、メキシコも含むラテン、モダンラテンをテーマにしているお店もある。メキシコ大使館商務部の調べによると、このような飲食店は全国に350軒以上ある。

★印はCRTのセミナーを受講したスタッフがいるお店

都内　　　　　　　　　　　　　　　　　　　　　　　　　　　　　　　　TOKYO

〈六本木・麻布エリア〉--- ROPPONGI, AZABU

LOUNGE BAR ODEON TOKYO（ラウンジバー オデオン東京）
〒106-0032　東京都港区六本木 3-15-23 花椿ビル 3F
TEL&FAX：03-3478-4555　http://www.odeon-bar.com/

SALSA CABANA CENTRO（サルサカバナ 新橋セントロ）
〒105-0004　東京都港区新橋 4-15-4 斉藤ビル
TEL：03-3437-7757　http://salsa-cabana.com/

SPICE TOKYO（スパイス トウキョウ 元 sala ferrari）
〒106-0032　東京都港区六本木 3-9-5 ゼックス バームビル B1F
TEL：03-5775-6533　http://www.spice-tokyo.jp

メキシコ料理 SALSITA（サルシータ）
〒106-0047　東京都港区南麻布 4-5-65
TEL&FAX：03-3280-1145　http://www.salsita-tokyo.com/

Don Blanco（ドン ブランコ）
〒105-0004　東京都港区新橋 3-18-7 桃山ビル 3F
TEL：03-5401-2066　http://www.donblanco.com/

Shot Bar PROPAGANDA（ショットバー プロパガンダ）
〒106-0032　東京都港区六本木 3-14-9 ユア六本木 2F
TEL&FAX：03-3423-0988　http://www.propaganda-tokyo.com/

WHITE SMOKE（ホワイトスモーク）
〒106-0046　東京都港区元麻布 3-11-2 マイム麻布ビル 1F
TEL：03-6434-0297　http://thebettertable.com/

〈恵比寿・渋谷エリア〉--- EBISU, SHIBUYA

Hacienda del Cielo（アシエンダ デル シエロ）★
〒150-0033　東京都渋谷区猿楽町 10-1 マンサード代官山 9F
TEL：03-5457-1521　　FAX：03-5457-1522　http://modern-mexicano.jp/hacienda

EL RINCON DE SAM（エル リンコン デ サム）
〒150-0013　東京都渋谷区恵比寿 4-6-1 恵比寿 MF ビル B1F
TEL&FAX：03-3442-1636　http://www.sambra.jp/

ZONA ROSA（ソナ ロッサ）
〒150-0013　東京都渋谷区恵比寿 1-12-5 アジマビル B1F
TEL：03-3440-3878　FAX：03-3440-0755　http://www.mic21.co.jp/zonarosa/index.htm

ソルアミーゴ原宿店
〒150-0001　東京都渋谷区表参道 4-28-14 シャンゼリゼ原宿 B1F
TEL：03-3405-7605　http://r.gnavi.co.jp/a609104/

FONDA DE LA MADRUGADA（フォンダ・デ・ラ・マドゥルガーダ）
〒150-0001　東京都渋谷区神宮前 2-33-12 ビラビアンカ B1F
TEL：03-5410-6288　FAX：03-5410-6289　http://www.fonda-m.com/

メキシコ料理 LA JOLLA（ラ・ホイヤ）
〒150-0012　東京都渋谷区広尾 5-16-3 小安ビル 2F
TEL&FAX：03-3442-1865　http://www.la-jolla.jp/

〈都心部エリア〉-- Center of Tokyo

Mexican Kichen Vida Rosa 四谷店（メキシカンキッチン ヴィダロッサ）
〒160-0004　東京都新宿区四谷 2-2 第22 相信ビル 1F
TEL：03-5919-7779　http://www.vida-rosa.com/

SALSA CABANA BAR（サルサカバナ 四ツ谷バル）
〒160-0004　東京都新宿区四谷 1-20-9-1F
TEL：03-3225-1774　http://salsa-cabana.com/

BAR HERMIT EAST（バー ハーミット イースト）
〒160-0022　東京都新宿区新宿 3-26-3 コンワセンタービル B1F
TEL：03-3351-8730　http://www.lococom.jp/mt/a110729002/

ソルアミーゴ新宿店★
〒160-0023　東京都新宿区西新宿 1-11-12 イクタビル B1F
TEL：03-3345-2733　http://r.gnavi.co.jp/a609101/

エルマル アミーゴお茶の水店★
〒101-0062　東京都千代田区神田駿河台 2-2 フルノートビル B1F
TEL：03-3291-3939　http://r.gnavi.co.jp/g570701/

ソルアミーゴ神保町店★
〒101-0051　東京都千代田区神田神保町 1-4 イチヨンビル B1F
TEL：03-5280-8225　http://r.gnavi.co.jp/a609103/

MUCHO -MODERN MEXICANO-（ムーチョ モダンメキシカーノ）★
〒100-6402　東京都千代田区丸の内 2-7-3 東京ビル（TOKIA）2F
TEL：03-5218-2791　FAX：03-5218-2792　http://mucho-mexicano.jp/

PUB CARDINAL（パブ・カーディナル）
〒104-0061　東京都中央区銀座 5-3-1 ソニービル 1F
TEL：03-3573-0011　http://www.miyoshi-grp.com/cardinal/pub/index.html

〈東部エリア〉-- Eastern area

Shot Bar Afrobeat Nishi-Kasai（ショットバー アフロビート西葛西店）
〒134-0088　東京都江戸川区西葛西 6-8-11 葛西産業ビル 6F
TEL：03-3877-5778　http://www.barafrobeat.com/

▼プレミアムテキーラが飲めるお店

La copa（ラ コパ）
〒134-0083　東京都江戸川区中葛西 5-20-2
TEL：03-3687-5199　FAX：03-3687-5155　http://www.la-copa2001.com/

横丁カフェ スイング
〒136-0071　東京都江東区亀戸 5-13-2（亀戸横丁内）
TEL：0066-9673-5239（予約専用）／ 03-3684-5607　http://locoplace.jp/t000004175/

Mexican Restaurant-Bar La Tekila（メキシカンレストランバー ラ・テキーラ）
〒136-0071　東京都江東区亀戸 5-13-2（亀戸横丁内）
TEL：03-6324-5066　http://www.kameidoyokocho.jp/tekila/latekila.html

Los ponchos（ロス パンチョス）
〒136-0071　東京都江東区亀戸 6-6-9-106
TEL：03-3636-7993　http://r.tabelog.com/tokyo/A1312/A131202/13099167/

東北　TOHOKU

HACIENDA LA COLONIA（アシエンダ・ラ・コロニア）
〒036-8002　青森県弘前市駅前 3-15-7
TEL：0172-35-1456　http:// アシエンダ .jp/

関東　KANTO

r BAR（アールバル）
〒279-0001　千葉県浦安市当代島 1-1-11 フォーレストビル B1F
TEL：047-353-7806　http://rbar34.com/

Restaurant & Bar Payaso（レストラン&バー パジャッソ）
〒279-0013　千葉県浦安市日の出 5-6-1 パークシティ東京ベイ新浦安 Sea A1F
TEL：047-352-6103　http://www.payaso.jp/

MEXICAN BAR sol mariachi（メキシカンバー ソルマリアッチ）
〒260-0021　千葉県千葉市中央区新宿 2-2-1-2F
TEL：043-247-1603　http://solmariachi.web.fc2.com/

AMERICAN INDIAN BAR TAOS（アメリカンインディアンバー タオス）
〒275-0016　千葉県習志野市津田沼 1-2-12 三山ビル 2F
TEL：047-403-9771　http://www.sands-diner.com/taos/

BAR CASK AND STILL（バー カスクアンドスティル）
〒332-0021　埼玉県川口市西川口 1-2-4 仁志町ビル B1F
TEL：048-251-9366　http://home.att.ne.jp/alpha/caskandstill/

Olives（オリーブ）
〒253-0053　神奈川県茅ケ崎市東海岸北 1-1-1
TEL&FAX：0467-83-3451

信越・北陸　SHINETU,HOKURIKU

Carte Jaune（カルト ジョーヌ）
〒943-0831　新潟県上越市仲町 3-9-17
TEL：025-521-7776

アメリカンクラブ★
〒930-0021　富山県富山市今木町 6-4
TEL：076-442-1117

近畿・中国　KINKI,CHUGOKU

ALMA LATINA（アルマ ラティーナ）
〒530-0027　大阪府大阪市北区堂山町 1-14 こだまレジャービル B1F（東通り内）
TEL：06-6312-0066　http://www.almalatina-osaka.com/

EL COYOTE（エル コヨーテ）
〒604-8002　京都府京都市中京区先斗町通三条下ル 123-1 ウィステリアコートビル B1F
TEL：075-231-1527　http://www.el-coyote.com/

ぎをん FINLANDIA BAR（フィンランディアバー）
〒605-0074　京都府京都市東山区祇園町南側花見小路四条下ル一筋目西入ル南側
TEL：075-541-3482　http://www.finlandiabar.com/

FREEDOM TACOS（フリーダムタコス）
〒703-8256　岡山県岡山市中区浜 1-15-20-1F
TEL&FAX：086-206-2117　http://freedomtacos.web.fc2.com/

九州　KYUSHU

メキシコ料理レストラン&バー　エルボラーチョ
〒810-0041　福岡県福岡市中央区大名 2-3-2 大名リバティービル 2F
TEL&FAX：092-720-5252　http://www.elborracho.com/

メキシコ料理レストラン&バー　ラボラーチャ
〒810-0011　福岡県福岡市中央区高砂 1-15-7 シルバー高砂 1F
TEL&FAX：092-534-3544　http://www.laborracha.net/

メキシコ料理 AZTECA（アステカ）
〒834-0031　福岡県八女市本町 2-11-5
TEL：0943-24-0319　https://www.facebook.com/aztecayame

※情報は 2012 年 6 月現在のものです。おでかけの際は各店舗へご確認ください。

用語集

〈ア〉

アウトクラベ Autoclave ・・・・・・・・・ スチール製の蒸気圧力釜
アガベ・テキラナ・ウェーバー　ブルー品種 Agave Tequilana Weber Blue Var - "Blue Agave"
　・・・・・・・・・ テキーラの生産に許されている唯一のアガベ
アステカ Azteca ・・・・・・・・・ メキシコがスペイン人に占領されるまでの最後の文明
イフエロ Hijuelo ・・・・・・・・・ 栽培に使われるアガベの子株
オルディナリオ Ordinario ・・・・・・・・・ 1回目の蒸溜からできるアルコール

〈カ〉

カタドール Catador ・・・・・・・・・ 正式にテキーラを試飲・評価するプロ
キオテ Quiote ・・・・・・・・・ 10年目ごろのアガベの中心部から伸びてくる花茎
コゴヨ Cogollo ・・・・・・・・・ キオテの根の部分。苦味の元として取り除かれることが多い

〈サ〉

CRT Consejo Regulador del Tequila ・・・・・ テキーラ規制委員会。テキーラの製造に関する全過程を通じて品質を管理する非営利団体
CNIT Cámara Nacional de la Industria Tequilera
　・・・・・・・・・ 全国テキーラ産業会議所。業界最古の団体で、テキーラの輸出に必要な法律的助言などを行う

〈タ〉

タオナ Tahona ・・・・・・・・・ アガベの汁を搾り出すための巨大な車輪状の石臼。昔は馬や牛に引かせていたが、現在はモーターで電動化されている
DOT Denominación de Origen Tequila ・・・・・ テキーラの原産地呼称。5つの州の特定地域でのみ製造されたものしかテキーラと呼ぶことはできない
テキーラ Tequila ・・・・・・・・・ 2回目の蒸溜でできるアルコール
デストロサドル Destrozador ・・・・・・・・・ モストを蒸溜する蒸溜器のこと

〈ハ〉

ピニャ Piña ・・・・・・・・・ 葉っぱを切り落としたあとのアガベの茎部分
ヒマドール Jimador ・・・・・・・・・ アガベを収穫する職人
プルケ Pulque ・・・・・・・・・ アガベの搾り汁を発酵させたアルコール飲料

〈マ〉

マゲイ Maguey ・・・・・・・・・ リュウゼツラン、アガベの最も広い呼び方
マヤウエル Mayahuel ・・・・・・・・・ アステカ文明とマヤ文明の豊作の女神、アガベの神様
マンポステリーアオーブン Horno de Mampostería
　・・・・・・・・・ 石、レンガ、粘土などでつくられた伝統的なオーブン
モスト Mosto ・・・・・・・・・ アガベを調理して搾り出した汁を発酵させたもの

〈ラ〉

ラ・カタ La Cata ・・・・・・・・・ テキーラの正式的な試飲方法

PREMIUM TEQUILA Ⅵ
正規輸入会社とメキシコ国内瓶詰めブランド

　この本を書き始めてから、出版にいたるまでの間に、明らかにテキーラの市場が変わってきた。テキーラの認知度も上がり、銘柄も大分増えてきている。この変化は、テキーラに関する関心や期待を物語っていると思うが、原産地呼称のついている商品を日本で販売するからには、それなりの責任を負う必要がある。お客様に対する責任は一番重要だが、商品やメーカーや農家に対する責任もついて来る。このことを考え、本書では正規輸入者のプレミアムテキーラブランドに特化し、紹介したいと思った。

　正規輸入者のほかにも素晴らしい商品を輸入している個人や並行輸入業者がいるが、責任を持って、コストもかけて、商品の正規プロモーションやマーケティングを行っているのは、正規輸入者のみである。残念ながら、並行輸入のほとんどの場合は、商品が正規ルートを通って日本にたどり着かないため、品質の管理が難しく、規格外のものも市場に入ってきてしまうケースが多くある。また、商品の価値観や特徴をあまり考えずに、価格のみで競争するところもあるので、商品のイメージにダメージを与えたりするケースもある。

　やはり、メキシコのメーカーと直接やり取りをし、商品の文化を守りながら、日本のお客様によりよい商品を提供できるように頑張っているのは正規輸入者だと思っている。最後に日本の正規輸入会社と、テキーラ規制委員会（CRT）公認の蒸溜所を一覧で紹介する。

Ⅵ 正規輸入会社とメキシコ国内瓶詰めブランド

プレミアムテキーラ正規輸入会社一覧

	会社名／所在地	ウェブサイト／メールアドレス	電話番号
01	アサヒビール株式会社 〒130-8602東京都墨田区吾妻橋1-23-1	http://asahibeer.co.jp/enjoy/liquorworld/	お客様相談室 0120-011-121
02	株式会社永山 〒111-0053東京都台東区浅草橋2-2-6	http://www.eisan.jp/	03-5833-3877
03	えぞ麦酒株式会社 〒064-0944北海道札幌市中央区円山西町5-7-57	http://www.ezo-beer.com/ phred@ezo-beer.com	011-614-0191
04	キリンビール株式会社 〒104-0033東京都中央区新川2-10-1	http://www.kirin.co.jp/	0120-111-560
05	株式会社グローバル・コメルシオ 〒176-0012東京都練馬区豊玉北1-19-5	http://tequila-life.com/ info@global-comercio.com	03-6677-5998
06	サントリー酒類株式会社 〒135-8631東京都港区台場2-3-3	http://www.suntory.co.jp/	サントリーお客様センター 0120-139-310
07	有限会社ソルグランデ 〒227-0065神奈川県横浜市青葉区恩田町945	http://www.tequila-tequila.com/ amigos@tequila-tequila.com	045-985-4446
08	デ・アガベ株式会社 〒134-0088 東京都江戸川区西葛西6-16-7 第2白子ビル1001	http://www.de-agave.com/ info@de-agave.com	03-3878-5808
09	日本食品流通株式会社 〒221-0052 神奈川県横浜市神奈川区栄町10-35 ポートサイドダイヤビル402	http://www.lovetastenet.com/ info@lovetastenet.com	045-534-9796

PREMIUM TEQUILA

ブランド名	タイプ	容量 (ml)	度数 (%)
1800	シルバー／レポサド／アニェホ	750	40
スーパー・ティー	ブランコ／レポサド／アニェホ	700	35
ラ・カバ・デル・マヨラル	ブランコ／レポサド／アニェホ	750	38
アファマド	ブランコ／レポサド／アニェホ	750	38
エヒダール	ブランコ	750/50	
エル・テソロ	ブランコ／レポサド／アニェホ		
エル・テソロ パラディゾ	エクストラ・アニェホ	750	40
エル・テソロ 70周年	エクストラ・アニェホ		
クアトロ・コパス	ブランコ／レポサド／アニェホ		
タパティオ	ブランコ	750/50	
	レポサド／アニェホ		
トレス・ムヘレス	ブランコ／レポサド／アニェホ	750	38
	レポサド（革ボトル）	750/250/50	
ドン・フリオ レポサド	レポサド		
ドン・フリオ アニェホ	アニェホ	750	38
ドン・フリオ 1942	アニェホ		
ドン・フリオ レアル	エクストラ・アニェホ		
エレンシア・デ・プラタ	シルバー／レポサド／アニェホ		38
エレンシア・イストリコ"27デマヨ"	エクストラ・アニェホ	750	40
レセルバ・デル・セニョール	ブランコ／レポサド／アニェホ		
エラドゥーラ	プラタ／レポサド／アニェホ	750	40
エル・ジマドール	ブランコ／レポサド		
エンバハドール	ブランコ／レポサド／アニェホ		40
グラン・ドベホ	ブランコ／レポサド／アニェホ	750	38
プエブリート	ブランコ／レポサド		
AGV400	ブランコ／レポサド／アニェホ	750	40
アギラ・アステカ	ブランコ／レポサド		
アスコナ・アスル	ブランコ／レポサド／アニェホ	750/375	38
アマセル・ランチェーロ	アニェホ（樽）	1000	
アラクラン	ブランコ		
エル・フォゴネロ	ブランコ／レポサド／アニェホ	750	40
チャムコス	ブランコ／レポサド／アニェホ		
デル・ムセオ	ブランコ／レポサド／アニェホ		
ビジャ・テコアネ	レポサド		35
ラ・クアルタ・ヘネラシオン	ブランコ／レポサド／アニェホ	750/250	38
ランチョ・ラ・ホヤ	ブランコ／レポサド	750	
アモルシート	ブランコ／アニェホ	750	38
ドン・フェルナンド	ブランコ／レポサド／アニェホ	700	
ドン・フェルナンド ノックアウト TKO オリジナル	シルバー	750	50
ドン・フェルナンド ブルーラベル	シルバー	1000	38
	レポサド	750	
ミ・ティエラ	ブランコ／レポサド／アニェホ		

Ⅵ 正規輸入会社とメキシコ国内瓶詰めブランド

	会社名／所在地	ウェブサイト／メールアドレス	電話番号
10	**バカルディ ジャパン株式会社** 〒150-0011 東京都渋谷区東3-13-11 フロンティア恵比寿ビル2F	http://www.bacardijapan.jp/	03-5843-0671 （営業本部）
11	**ボニリジャパン株式会社** 〒662-0047兵庫県西宮市寿町4-32	http://www.bonili.com/ bonilijp@bonili.com	0798-39-1700
12	**リードオフジャパン株式会社** 〒107-0062東京都港区南青山7-1-5 コラム南青山2F	http://www.lead-off-japan.co.jp/ info@lead-off-japan.co.jp	03-5464-8170

PREMIUM TEQUILA

ブランド名	タイプ	容量(ml)	度数(%)
カサドレス	ブランコ／レポサド／アニェホ	750	40
グランパトロン プラチナ	シルバー		
パトロン	シルバー／レポサド／アニェホ		
アハ・トロ	ブランコ／レポサド／アニェホ	750	40
アハ・トロ DIVA	プラタ		
チリ・カリエンテ	ブランコ／レポサド／アニェホ		
アマテ	シルバー／レポサド／アニェホ		40
オレンダイン・オリータス	ブランコ／レポサド	750	35
ラ・コフラディア	ブランコ／レポサド／アニェホ		40

VI 正規輸入会社とメキシコ国内瓶詰めブランド

テキーラ規制委員会(CRT)公認メキシコ国内瓶詰めブランド一覧

	Company / Address (製造元／所在地)	Representative (代表者)	NOM	DOT
01	**Agave Conquista, S. de R.L. de C.V.** Luis Perez Verdia17 Col.Ladron de Guevara C.P.44680. Guadalajara, Jalisco Tel:36309422	Juan Carlos Samuel Silva Rojas	1577	295
02	**Agaveros de Michoacán , S.P.R. de R.L.** Blvd. Lopez Mateos55 Col.Centro C.P.59300. La Piedad, Michoacan de Ocampo Tel:013285187310	Ramón Pulido Rojas	1569	286
03	**Agaveros Unidos de Amatitan, S.A. de C.V.** Rancho MiravalleS/N Col.Rancho Miravalle C.P.45380. Amatitan, Jalisco Tel:013747450526	Salvador Rivera Cardona	1426	141
04	**Agaveros y Tequileros Unidos de Los Altos, S.A. de C.V.** Km 8.5 Carretera Zapotlanejo - Tototlan S/N Col. Rancho Pueblo Viejo C.P.45440. Zapotlanejo, Jalisco Tel:S/N	Felipe de Jesus Quezada Hernandez	1529	245
05	**Agroindustria Guadalajara, S.A. de C.V.** Rancho El Herradero 100 Col.Sin Colonia C.P.47700. Tepatitlan de Morelos, Jalisco Tel:013787121515	Benjamin Jimenez Jimenez	1068	116
06	**Agroindustrias Casa Ramirez, S.A. de C.V.** Km. 38 Carretera Leon - Manuel DobladoS/N Col.Purisima del Rincon C.P.36400. Purisima del Rincon, Guanajuato Tel:014772114853	Rosendo Ramirez Gamiño	1519	235
07	**Agrotequilera de Jalisco, S.A. de C.V.** Prolongacion Medina Ascencio 567 Col.Huaxtla C.P.45368. El Arenal, Jalisco Tel:39441717	Luis Curiel Alcaraz	1523	240
08	**Altos Cienega Unidos, S.P.R. de R.L.** Carretera Rancho LagunillasS/N Col.S/C C.P.47760. Atotonilco El Alto, Jalisco Tel:16097117	Adrian Gonzalez Garcia	1570	287
09	**Antonio Mejia Leyva** Puesta del Sol 197 Col.El Palmar C.P.63738. Bahia de Banderas, Nayarit Tel:013222280133	Antonio Mejia Leyva	1544	258

PREMIUM TEQUILA

2012年6月4日現在
NOM：Norma Oficial Mexicana　メキシコ公式規格のもとに登録された蒸溜所番号
DOT：Denominación de Origen Tequila　テキーラの原産地呼称のもとに登録された番号

Brand（ブランド）	Owner（所有者）
1519（ミル・キニエントス・ディエシヌエベ）	Armando Salazar Machado
Tequimich（テキミチ）	Agaveros de Michoacán, S.P.R. de R.L.
Don Tepo（ドン・テポ）/Diva Maya（ディーバ・マヤ）/Miravalle（ミラバジェ）/Rey Momo（レイ・モモ）	Agaveros Unidos de Amatitan, S.A. de C.V.
Hacienda Del Sol（アシエンダ・デル・ソル）	Tequila Hacienda del Sol, S.A. de C.V.
Don Cosme（ドン・コスメ）	Cosme Sanchez Baltazar y Jesus Carlos Ganem Sanchez
Don Raymundo（ドン・ライムンド）	Raymond Charles Borg
El Mante Pasion（エル・マンテ・パシオン）/El Mante（エル・マンテ）/Magnate（マグナテ）/Agatha（アガタ）	Agaveros y Tequileros Unidos de Los Altos, S.A. de C.V.
Don Nicolacito Ramirez Maldonado（ドン・ニコラシト・ラミレス・マルドナド）	J. Alvaro Ramirez González
B Cancun（ベ・カンクン）	B Tequila Internacional, S.A. de C.V.
Alamo（アラモ）	Mountain Crest Liquors Inc
Señor Sol（セニョル・ソル）	Leonardo Mariles Curiel
Hacienda De Los Diaz（アシエンダ・デ・ロス・ディアス）	Exclusivas Benet, S.A. de C.V.
Don Malaquias（ドン・マラキアス）	Rigoberto Cuervo Rosales
Calle 23（カジェ・ベインティトレス）	Imex International, S. de R.L. de C.V.
Espiritu Del Agave（エスピリトゥ・デル・アガベ）	Martin Enrique Murguia Landa
Intrigue（イントリゲ）	Intrigue Spirits, LLC.
De Los Altos（デ・ロス・アルトス）/El Maldito（エル・マルディト）/Sol Azul（ソル・アスル）	Industrial Mulsa, S.A. de C.V.
Tres Tesoros（トレス・テソロス）	Comercializadora Tres Tesoros, S. de R.L. de C.V.
Rictus（リクトゥス）	Industrializadora Rictus, S.A. de C.V.
Las Nuevas Trancas（ラス・ヌエバス・トランカス）	Productos de Agave de Capilla, S. de PR. de RL.
30-30（トレインタ-トレインタ）/Rey De Copas（レイ・デ・コパス）/Jalisciense（ハリスシエンセ）/Fiesta Mexicana（フィエスタ・メヒカーナ）/Charro De Oro（チャロ・デ・オロ）	Agroindustria Guadalajara, S.A. de C.V.
Voodoo Tiki（ブードゥー・ティキ）	Tiki Tequila of America
Basiko（バスィコ）	Tequilera Hernandez E Hijos, S.A. de C.V.
Cañon De Jalisco（カニョン・デ・ハリスコ）	Jorge Sandoval Vázquez
Deleón（デレオン）/Deleon（デレオン）	Quench, LLC
De Corazon（デ・コラソン）	Tequilera de Tepepan, S.A. de C.V.
Volcan De Mi Tierra（ボルカン・デ・ミ・ティエラ）/Kila De Jalisco（キラ・デ・ハリスコ）	Agrotequilera de Jalisco, S.A. de C.V.
El Consuelo（エル・コンスエロ）	Altos Cienega Unidos, S.P.R. de R.L.
Agave Leyva（アガベ・レイバ）/San Sebastian（サン・セバスチャン）	Antonio Mejia Leyva

VI 正規輸入会社とメキシコ国内瓶詰めブランド

	Company / Address (製造元／所在地)	Representative (代表者)	NOM	DOT
10	**Asociación Procesadora de Agave de Churintzio, S. de P.R. de R.L** Km. 37 Carretera La Piedad - CarapanS/N Col.Centro C.P.59440. Churintzio, Michoacan de Ocampo Tel:013285187361	Reginaldo Arellano Pimentel	1563	284
11	**Autentica Tequilera, S.A. de C.V.** Morelos 285 Col.Centro C.P.46400. Tequila, Jalisco Tel:013747422604	Daniel Orendain Lopez	1502	218
12	**Bacardi y Compañia, S.A. de C.V.** Autopista Mexico Queretaro4431 Col.Tultitlan de Mariano Escobedo C.P.54900. Tultitlan, Mexico Tel:015558990900	Vicente Herrera Roma	1487	103
13	**Brown - Forman Tequila Mexico, S. de R.L. de C.V.** Avenida de Las Americas1545 Piso 8 Col.Providencia C.P.44630. Guadalajara, Jalisco Tel:39423900	Randolph Roger Mccann Santaella	1119	250
14	**Casa Cuervo, S.A de C.V.** Rio Churubusco213 Col.Granjas C.P.08400. Iztacalco, Distrito Federal Tel:31343300	Ramon Yañez Mutio	1122	113
15	**Casa Reyes Barajas S.A. de C.V.** Carr. Internacional100 Col.Obrera C.P.46400. Tequila, Jalisco Tel:013747422139	Graciela Barajas Sanchez	1507	223
16	**Casa Tequilera de Arandas, S.A. de C.V.** Km. 6.5 Carretera Arandas - LeonS/N Col.Rancho El Cabrito C.P.47180. Arandas, Jalisco Tel:013487847667	Hector Eduardo Hernandez Rivas	1499	215

PREMIUM TEQUILA

Brand (ブランド)	Owner (所有者)
La Camacua (ラ・カマクア)	Asociación Procesadora de Agave de Churintzio, S. de P.R. de R.L.
Dfaena (ダファエナ)	Guillermo Ceballos Caballero y Jesus Salvador Ricardo Zermeño de La Torre
Alebrijes (アレブリヘス)	Tequila Alebrijes, S.A. de C.V.
Partida (パルティダ)	Partida Tequila LLC.
Paqui (パキ)	Tequila Holdings, Inc
Tierras Autenticas De Jalisco (ティエラス・アウテンティカス・デ・ハリスコ) / **Arsenal** (アルセナル)	Autentica Tequilera, S.A. de C.V.
Emprendedor Tequilero (エンプレンデドール・テキレロ)	Jose Eduardo Lozano Ascencio
Carreta Vieja (カレタ・ビエハ)	Vinoteq, S. de R.L. de C.V.
Camino Real (カミノ・レアル)	Bacardi y Compañia, S.A. de C.V.
Cazadores (カサドレス) /**4 Vientos** (クアトロ・ビエントス) /**Corzo** (コルソ)	Bacardi & Company Ltd
Gran Imperio Herradura (グラン・インペリオ・エラドゥーラ) /**Suave Herradura** (スアベ・エラドゥーラ) /**Antiguo** (アンティグオ) /**Gran Imperio** (グラン・インペリオ) / **New Mix** (ニューミックス) /**Hacienda Del Cristero** (アシエンダ・デル・クリステロ) / **Don Eduardo** (ドン・エドゥアルド) /**Tierra Mojada** (ティエラ・モハダ) /**Suave 35** (スアベ・トレインタ・イ・シンコ) /**Seleccion Suprema** (セレクシオン・スプレマ) / **El Jimador** (エル・ヒマドール) /**Herradura** (エラドゥーラ)	Brown - Forman Tequila Mexico, S. de R.L. de C.V.
1800 Milenio (ミル・オチョシエントス・ミレニオ) /**Jose Cuervo Black** (ホセ・クエルボ・ブラック) /**Bicentenario** (ビセンテナリオ) /**Dobel Diamante** (ドゥベル・ディアマンテ) /**Maestro** (マエストロ) /**Mistico** (ミスティコ) /**Tenampa Azul** (テナンパ・アスル) /**Gran Centenario Rosangel** (グラン・センテナリオ・ロスアンヘル) /**Gran Centenario Leyenda** (グラン・センテナリオ・レイエンダ) /**Reserva Del Maestro** (レセルバ・デル・マエストロ) /**Rosangel** (ロスアンヘル) /**Gran Reserva** (グラン・レセルバ) / **Gran Centenario Extra** (グラン・センテナリオ・エクストラ) /**Tradicional** (トラディシオナル) /**Dos Siglos** (ドス・シグロス) /**Jose Cuervo Platino Reserva De La Familia** (ホセ・クエルボ・プラティノ・レセルバ・デ・ラ・ファミリア) /**Jose Cuervo Black Medallion** (ホセ・クエルボ・ブラック・メダリオン) /**Gran Centenario Azul** (グラン・センテナリオ・アスル) /**El Zarco** (エル・サルコ) /**Reserva Del Tequilero** (レセルバ・デル・テキレロ) /**Cuervo Tradicional** (クエルボ・トラディシオナル) /**Centenario** (センテナリオ) /**Tenampa** (テナンパ) /**Reserva 1800** (レセルバ・ミル・オチョシエントス) /**Matador** (マタドール) /**1800 Coleccion** (ミル・オチョシエントス・コレクシオン) / **Cuervo** (クエルボ) /**Cuervo Centenario Extra** (クエルボ・センテナリオ・エクストラ) / **La Rojeña** (ラ・ロヘーニャ) /**1800 Edicion Del Nuevo Milenio** (ミル・オチョシエントス・エディシオン・デル・ヌエボ・ミレニオ) /**Gran Centenario Reserva Del Tequilero** (グラン・センテナリオ・レセルバ・デル・テキレロ) /**Gran Centenario Gran Reserva** (グラン・センテナリオ・グラン・レセルバ) /**Jose Cuervo** (ホセ・クエルボ) /**Maestro Tequilero** (マエストロ・テキレロ) /**Jose Cuervo 1800** (ホセ・クエルボ・ミル・オチョシエントス) /**Cuervo Especial** (クエルボ・エスペシアル) /**Jose Cuervo Clasico** (ホセ・クエルボ・クラシコ) /**Jose Cuervo Especial** (ホセ・クエルボ・エスペシアル) /**1800** (ミル・オチョシエントス) /**Reserva Antigua 1800** (レセルバ・アンティグア・ミル・オチョシエントス) /**Gran Centenario** (グラン・センテナリオ) /**Jose Cuervo Tradicional** (ホセ・クエルボ・トラディシオナル) /**Reserva De La Familia** (レセルバ・デ・ラ・ファミリア) /**Maestro Dobel Diamante** (マエストロ・ドゥベル・ディアマンテ)	Casa Cuervo, S.A de C.V.
Reserva Familiar Tequila de Don Jesus RB (レセルバ・ファミリアール・テキーラ・デ・ドン・ヘスス エレ・ベ) /**Jesus Reyes** (ヘスス・レイエス)	Jose de Jesus Reyes Cortez
Grillos (グリジョス)	Tequila Grillos, S.A. de C.V.
Cabal (カバル)	Mario Cesar Orozco Lopez
Presa Vieja (プレサ・ビエハ)	Juan Chavez Calderon
Noche Mexicana (ノチェ・メヒカーナ)	Felipe Guillermo Romero Salazar
Como No Te Voy A Querer (コモ・ノ・テ・ボイ・ア・ケレル)	Proveedora Comercial de Leon, S.A. de C.V.
Cuaco (クアコ)	Bebidas Intelgentes, S.A. de C.V.

Ⅵ 正規輸入会社とメキシコ国内瓶詰めブランド

	Company / Address (製造元／所在地)	Representative (代表者)	NOM	DOT
17	**Catador Alteño, S.A. de C.V.** Enrique Camarena12 Col.Nuevas Palomas C.P.63193. Tepic, Nayarit Tel:38174011	Jose Luis Lopez Angel	1105	125
18	**Cavas de Don Max, S.A. de C.V.** Socrates 136 Col.Polanco C.P.11580. Miguel Hidalgo, Distrito Federal Tel:36882947	Jesus Emigdio Gonzalez Munguia	1554	271
19	**Cia. Tequilera La Quemada, S.A. de C.V.** San Juan Bosco3913 Col.Jardines de San Ignacio C.P.45040. Zapopan, Jalisco Tel:31221012	Octavio Rabago Jimenez	1457	172
20	**Cía. Tequilera Los Alambiques, S.A. de C.V.** Alvaro Obregon1914 Col.Centro C.P.47180. Arandas, Jalisco Tel:35633222	Ernesto Orozco Ibarra	1474	189

PREMIUM TEQUILA

Brand (ブランド)	Owner (所有者)
Condor (コンドル)	Imex International, S. de R.L. de C.V.
Orgullo Charro (オルグージョ・チャロ)	Casa Tequilera Orgullo Charro, S.A. de C.V.
La Abundancia (ラ・アブンダンシア)	Mexico Mart Trading House, S.A. de C.V.
Mi Maria Bonita (ミ・マリア・ボニタ)	Corporacion Licorera 1910, S.A. de C.V.
Don Fabricio(ドン・ファブリシオ)/**Brindis Tradicional**(ブリンディス・トラディシオナル)/**Barranca De Jalisco**(バランカ・デ・ハリスコ)/**El Brindis Mexicano**(エル・ブリンディス・メヒカーノ)/**Tradicion Azul** (トラディシオン・アスル)/**Antiguo Imperio** (アンティグオ・インペリオ)/**Tesoro Maya** (テソロ・マヤ)/**Celebre** (セレブレ)/**Don Polo** (ドン・ポロ)	Casa Tequilera de ArandAs, S.A. de C.V.
Zircón Azul (シルコン・アスル)	M.J. Company
Mejor (メホル)	Mejor Tequila Company LLC
Lumbre (ルンブレ)	Mexican Winery And Spirits, S.A. de C.V.
Reserva del Cardenal (レセルバ・デル・カルディナル)	Alejandro Contreras Jimenez
Don Pantaleon (ドン・パンタレオン)	Premier Innovation Group, Inc
J. Jurado (ホタ・フラド)	Mary Clemente
El Capote Charro (エル・カポテ・チャロ)	Francisco Jose Gonzalez Tovar
Loma Azul (ロマ・アスル)	Amigos Usa, LLC
Galera Vieja (ガレラ・ビエハ)/**Rancho Grande** (ランチョ・グランデ)	Tequila Galera Vieja, S.A. de C.V.
Beso (ベソ)	London Beverage Group, LLC
Tromba (トロンバ)	Tromba Australia Pty Ltd
El Tri (エル・トリ)	Producciones Lora, S.A. de C.V.
29 Two Nine (29 トゥーナイン)	Casa Xplendor, S.A. de C.V.
Angel Bendito (アンヘル・ベンディト)	Miguel Fonseca Sanchez
Don Vito (ドン・ビト)	Manuel Carlos Garibay Ibarra
Don Gabino (ドン・ガビノ)	Tequila Don Gabino, S.A. de C.V.
Herencia De Los Pilotos (エレンシア・デ・ロス・ピロトス)	Bernardo Vega Rodriguez
Puño de Lobos (プニョ・デ・ロボス)	Comercializadora de Vinos y Licores Marquez de Valencia, S. de R.L. de C.V.
Nocaut (ノックアウト)	Bebidas Selectas Nocaut, S.A. de C.V.
Aquariva (アクアリバ)	Cleo Rocos
Rock´n Roll (ロックンロール)	Andy Hersbst
Santo Azul (サント・アスル)	Tequilera Jebla, S.A. de C.V.
Reunion (レウニオン)	Roberto Arturo Figueroa Caballero
3 Amigos (トレス・アミーゴス)	San Bartolo Farms, Inc.
Barranca de Viudas (バランカ・デ・ビウダス)/**Catador** (カタドール)/**Catador Alteño** (カタドール・アルテーニョ)/**Barrancas** (バランカス)	Catador Alteño, S.A. de C.V.
Don Max (ドン・マックス)/**El Secreto** (エル・セクレト)	Tequilas de La Doña, S.A. de C.V.
Copa Imperial (コパ・インペリアル)/**838** (オチョシエントス・トレインタ・イ・オチョ)/**La Hora Azul** (ラ・オラ・アスル)/**8 Copas** (オチョ・コパス)/**4 Copas** (クアトロ・コパス)	Cia. Tequilera La Quemada, S.A. de C.V.
Don Servando (ドン・セルバンド)	Tequilera Alzati & Magaña, S.A. de C.V.
Republic (リパブリック)	Visionary Ideas, LLC
4 Cañones (クアトロ・カニョネス)	Juan Rubio Gonzalez
Dos Amores (ドス・アモレス)	Gersaguz, S.A. de C.V.
Charbay (チャルバイ)	Domaine Charbay Distillers
Muestra No. Ocho (ムエストラ・ヌメロ・オチョ)/**Ocho** (オチョ)	Numero Ocho Limited

VI 正規輸入会社とメキシコ国内瓶詰めブランド

	Company / Address（製造元／所在地）	Representative（代表者）	NOM	DOT
21	**Cia. Tequilera Los Generales, S.A. de C.V.** Cerrada de Las Amapolas234 Col.Ciudad Bugambilias C.P.45237. Zapopan, Jalisco Tel:33432567	Juan Pablo Mendez Lopez	1486	203
22	**Comercializadora de Agave y Derivados La Mula, S.A. de C.V.** Lazaro Cardenas263 Col.Centro C.P.59300. La Piedad, Michoacan de Ocampo Tel:013525262799	Guillermo Primitivo Villegas Ayala	1550	269
23	**Compañia Destiladora de Acatlan, S.A. de C.V.** Independencia157 Col.La Calma C.P.45700. Acatlan de Juarez, Jalisco Tel:013877720177	Maria Guadalupe Contreras Ponce	1413	128
24	**Compañía Destiladora de Xamay, S.A. de C.V.** Km. 3.2 Carr. Jamay- La BarcaS/N Col.Centro C.P.47900. Jamay, Jalisco Tel:013929241925	Gerardo Gonzalez Godines	1534	251
25	**Compañia Tequilera de Arandas, S.A. de C.V.** Boulevard Aguascalientes317 Int. 101 Col.Bosques del Prado Sur C.P.20130. Aguascalientes, Aguascalientes Tel:014499140390	Nicolas Martinez Lara	1460	175
26	**Compañia Tequilera Hacienda La Capilla, S.A. de C.V** Calle Hacienda1 Col.S/C C.P.47700. Tepatitlan de Morelos, Jalisco Tel:013787122200	EdUardo Barba Casillas	1479	195

PREMIUM TEQUILA

Brand (ブランド)	Owner (所有者)
JR (ホタ・エレ) /D`Mendez (デ・メンデス) /Los Generales (ロス・ヘネラレス) / Los Generales B (ロス・ヘネラレス ベー) /Los Generales A (ロス・ヘネラレス アー) /Tropical Isle`s (トロピカル・アイルス) /Los Generales R (ロス・ヘネラレス エレ)	Cia. Tequilera Los Generales, S.A. de C.V.
Persian Empire (ペルシアン・エンパイア)	Cdc Botlling, Inc
Manny´s Beach Club (マニーズ・ビーチ・クラブ)	Roberto Nuñez Flores
El Relingo (エル・レリンゴ)	Juan Carlos Barajas Gonzalez
Los Valores (ロス・バロレス) /Don Rich (ドン・リッチ)	Ricardo Antonio Aguilar Almanza
Sol De Barro (ソル・デ・バロ)	Compañia Tequilera Sol de Barro, S.A. de C.V.
Antonio Escobeda (アントニオ・エスコベダ)	Rodney Mack Estates, LLC.
Hacienda Aguilar (アシエンダ・アギラル)	Comercializadora de Agave y Derivados La Mula, S.A. de C.V.
Gallo De Oro (ガジョ・デ・オロ) /Emperador Azteca (エンペラドール・アステカ)	Compañia Destiladora de Acatlan, S.A. de C.V.
Distinguido (ディスティンギード)	Valle Exportaciones, S.A. de C.V.
El Premio De Jalisco (エル・プレミオ・デ・ハリスコ)	Corporacion de La Torre, S.A. de C.V.
Dividido (ディビディド)	Tequilera Los Amigos, S.A. de C.V.
Fuego Azul (フエゴ・アスル)	Corporacion Ahora, S.A. de C.V.
Doña Santa (ドニャ・サンタ)	David Fernandez Caballero
II 55 (ドス・シンクエンタ・イ・シンコ) /Capaz (カパス)	Comercializadora y Servicios La Hormiga, S.A. de C.V.
Mi Rancho (ミ・ランチョ)	Francisco Gonzalez Flores
Inolvidable Infante (イノルビダブレ・インファンテ)	Infante International
Diosa (ディオサ)	Diosa Spirits, LLC
Tres Sietes (トレス・シエテス)	Bunte Brady
Riazul (リアスル)	Riazul Imports, LLC
Tres Reyes (トレス・レイエス) /Codorniz (コドルニス) /El Charro (エル・チャロ) / Antigua Cruz (アンティグア・クルス) /Tepa (テパ) /Hacienda De Tepa (アシエンダ・デ・テパ) /Tres Caballos (トレス・カバジョス) /Maximo (マックシモ) /Ranchero Jaliscience (ランチェロ・ハリスシエンセ) /3 Caballos (トレス・カバジョス) /Chilango (チランゴ) /Montoro (モントロ) /Maxximo De Codorniz (マクシモ・デ・コドルニス)	Compañia Tequilera de Arandas, S.A. de C.V.
El Pegador (エル・ペガドール)	Jorge Zuñiga Miralrio
RC (エレセ)	Bacanal Importaciones, S.A. de C.V.
Luchadores (ルチャドレス) /Tierra de Abolengo (ティエラ・デ・アボレンゴ)	Valor Mercadologico y Comercial Lac, S. de R.L. de C.V.
Chupamirto (チュパミルト)	Vinos Licores Naucalpan, S.A. de C.V.
Puntas Azules (プンタス・アスレス)	Compañia Vinicola San Ignacio, S.A. de C.V.
La Paz (ラ・パス)	La Paz Products, Inc
Lapittayya By Riazul (ラピタヤ・バイ・リアスル)	Comercializadora Riazul, S.A. de C.V.
Spirit Of The Shaman (スピリット・オブ・ザ・シャーマン)	Javier Martinez
Don Chinto (ドン・チント) /La India (ラ・インディア) /Rancho Los Agaves (ランチョ・ロス・アガベス) /El Amo (エル・アモ) /Hacienda La Capilla (アシエンダ・ラ・カピジャ)	Compañia Tequilera Hacienda La Capilla, S.A. de C.V
El Mandamas (エル・マンダマス)	Mario Alberto Guzman Hernandez
La Paloma (ラ・パロマ)	Industrias Vinicolas San Marcos, S.A. de C.V.
Wansas (ワンサス)	Juan Carlos Barboza Soto
Ambhar (アンバール)	Santo Spirits, Incorporated
5 Años (シンコ・アニョス)	Javier Aceves Navarro
Ancestra (アンセストラ) /Club 21 (クルブ・ベイティウノ)	Ftpsa, S.A. de C.V.
Country Class (カントリークラス)	Pablo Rigoberto Martin del Campo González
Corazon De Jalisco (コラソン・デ・ハリスコ)	Martin Garcia Garcia

VI 正規輸入会社とメキシコ国内瓶詰めブランド

	Company / Address (製造元／所在地)	Representative (代表者)	NOM	DOT
27	**Compañia Tequilera Hacienda Sahuayo, S.A. de C.V.** Calzada Revolucion1035 Col.La Puntita C.P.59018. Sahuayo, Michoacan de Ocampo Tel:013535324592	Marco Antonio Villaseñor Gudiño	1511	230
28	**Compañia Tequilera La Mision, S.A. de C.V.** 16 de Septiembre500 Col.Sin Colonia C.P.46560. San Juanito de Escobedo, Jalisco Tel:33681111	Magdaleno Ruiz Ruiz	1564	281
29	**Cooperativa Tequilera La Magdalena, S.C. de R.L.** Ludwing Van Beethoven4751 Col.Lomas del Seminario C.P.45038. Zapopan, Jalisco Tel:3331460098	Alvaro Josue Ruvalcaba Hernandez	1463	177
30	**Corporacion Ansan, S.A. de C.V.** Bugambilias 20 Col.Exhacienda de Abajo C.P.46400. Tequila, Jalisco Tel:36302022	Jose Angel Gonzalez Gonzalez	1360	126
31	**Corporativo Destileria Santa Lucia, S.A. de C.V.** Avenida Plan de San Luis2122 Int 3 Col.Chapultepec Country C.P.44620. Guadalajara, Jalisco Tel:38971623	Carlos Enrique Newton Frausto	1173	115

PREMIUM TEQUILA

Brand (ブランド)	Owner (所有者)
Ley .925 (レイ．ノベシエントス・ベインティシンコ)	Hacienda La Capilla, LLC
Fat Ass (ファット・アス)	Importadora y Exportadora Batra, S.A. de C.V.
Cuestion (クエッション)	Tequilera Los Amigos, S.A. de C.V.
Ekeco (エケコ)	Teckeco, S. de R.L. de C.V.
Cavalino (カバリノ)	Grupo San Carlos de La Capilla de Guadalupe, S.P.R. de R.L. de C.V.
Tlahualil (トラウアリル)	Marco Antonio Villaseñor Gudiño
Hacienda Sahuayo (アシエンダ・サウアヨ) /**Cabeza De Leon** (カベサ・デ・レオン)	Compañia Tequilera Hacienda Sahuayo, S.A. de C.V.
La Mision Del Siglo XXI (ラ・ミシオン・デル・シグロ・ベインティウノ)	Compañia Tequilera La Mision, S.A. de C.V.
Familia Azteca(ファミリア・アステカ)/**El Caudillo**(エル・カウディージョ)/**Pajarito**(パハリト)/**Sangre Azteca**(サングレ・アステカ)/**Tres Sombreros**(トレス・ソンブレロス)	Cooperativa Tequilera La Magdalena, S.C. de R.L.
La Leyenda Del Caballero (ラ・レイエンダ・デル・カバジェロ)	Beatriz Ureña Cerrillos
Pueblo Magico (プエブロ・マヒコ)	Martha Gutierrez Navarro
Nueva Herencia (ヌエバ・エレンシア)	Adrian Haro Prieto
Los Valientes (ロス・バリエンテス)	Arturo Hernandez Melendez
Agavita (アガビタ)	Les Grand Chais de France
Tio Billy (ティオ・ビリー)	Omar Salvador Magallanes Rubio
Don Efrain (ドン・エフライン) /**Hacienda Los Tostado** (アシエンダ・ロス・トスタド)	Efrain Tostado Gonzalez
Entre Dos Tierras (エントレ・ドス・ティエラス)	Importadora y Exportadora El Agave Azul, S. de R.L. de C.V.
Rattle Snake (ラトルスネイク)	Bu.Ma.Ser. Nv.
La Divina (ラ・ディビナ) /**El Rifle** (エル・リフレ)	Jorge Zuñiga Miralrio
Honorable(オノラブレ)/**Con Orgullo**(コン・オルグージョ)/**Tejitas**(テヒタス)/**Sublime**(スブリメ)/**Puente Grande**(プエンテ・グランデ)/**Arcano**(アルカノ)/**El Mirador**(エル・ミラドール)	Corporacion Ansan, S.A. de C.V.
Fogoso (フォゴソ)	Jesus Rodolfo Padilla Valencia
Bacabes (バカベス)	Eduardo Godinez Pineda
Juanito (フアニト)	Tequila Juanito, S.A. de C.V.
Corazón Partido (コラソン・パルティド) /**El Pescadito** (エル・ペスカディト)	Vinos Licores Naucalpan, S.A. de C.V.
Artá (アルタ)	Arta Holdings LLC.
Pavoneo (パボネオ)	Timeless Spirit, LLC
Los Cerritos (ロス・セリトス)	Cape International Properties, S.A. de C.V.
Hacienda La Escoba (アシエンダ・ラ・エスコバ)	Maria de La Cruz Zatarain González
Revelación (レベラシオン)	Maritza Vidaurri Nuñez
Cerritos Beach Club & Surf (セリトス ビーチクラブ&サーフ)	T&A Associates, S.A. de C.V.
Pueblo Alegre (プエブロ・アレグレ)	Daniel Salazar Gutierrez
Mexos (メホス)	Gastromax Gmbh
Imperio Del Tiempo (インペリオ・デル・ティエンポ)	Bebidas Innovadoras de Mexico, S.A. de C.V.
Tierra Azteca (ティエラ・アステカ) /**El Destilador** (エル・ディスティラドール) /**Especial Newton** (エスペシアル・ニュートン) /**Los Corrales** (ロス・コラレス) /**La Puerta Negra** (ラ・プエルタ・ネグラ)	Corporativo Destileria Santa Lucia, S.A. de C.V.
Grand Mayan (グランド・マヤン)	Carlos Alberto Monsalve Agraz
901 (ナインオーワン)	Diab Importers LLC
Azteca (アステカ)	Fieldmaster Trade Ltd
El Perrito (エル・ペリト)	Hannahsol LLC
Doña Carlota (ドーニャ・カルロタ) /**El Conquistador** (エル・コンキスタドール)	Destileria La Conquista, S.A. de C.V. y Cavas Vamer, S.A. de C.V.
La Gavilana (ラ・ガビラナ)	Hacienda La Gavilana, S. de R.L. de C.V.
Casta Pasion (カスタ・パシオン)	Zuma Importing Company

VI 正規輸入会社とメキシコ国内瓶詰めブランド

	Company / Address（製造元／所在地）	Representative（代表者）	NOM	DOT
32	**Destiladora Arandas, S.A. de C.V.** Calle A, Manzana 1lote 12-B Col.Parque Industrial del Salto C.P.45680. El Salto, Jalisco Tel:36311628	Antelmo Vega Diaz	1490	206
33	**Destiladora Casa Blanca Vazquez, S.A. de C.V.** Rancho Santa Barbara 5 Col.La Trinidad C.P.47750. Atotonilco El Alto, Jalisco Tel:013919117470	Ma. Lourdes Vazquez Hernandez	1510	225
34	**Destiladora de Agave Azul, S.A. de C.V.** Belen 1039 Col.Alcalde Barranquitas C.P.44270. Guadalajara, Jalisco Tel:11993661	José Francisco Gutierrez Moctezuma	1424	140
35	**Destiladora de Agave El Mentidero, S.C. de R.L.** Obregon4 Col.Centro C.P.48917. Autlan de Navarro, Jalisco Tel:013173714050	Fredy Aaron Cisneros Vargas	1572	291
36	**Destiladora de Agave Hacienda Los Huajes, S.C. de R.L.** Km. 2.6 Carr. El Saucillo - Potrero de GomezS/N Col.Potrero de Gomez C.P.45981. Zapotlan del Rey, Jalisco Tel:36452018	David Olide Lomeli	1538	248
37	**Destiladora de Los Altos La Joya, S.A. de C.V.** Rancho La Joya.777 Col.S/C C.P.47935. Ayotlan, Jalisco Tel:013459183409	Jose Trinidad Garcia Servin	1555	274
38	**Destiladora de Los Altos, S.A. de C.V.** Francisco Medina Ascencio 472 Col.El Gallito C.P.47180. Arandas, Jalisco Tel:013487831994	Guillermo Ramirez Bañuelos	1412	185
39	**Destiladora de Tequila Marava S.P.R de R.L.** Independencia36 Col.Lazaro Cardenas C.P.61250. Maravatio, Michoacan de Ocampo Tel:4433051529	J.Jesus Diaz Perdomo	1574	292
40	**Destiladora del Valle de Tequila, S.A. de C.V.** CarreterA Internacional 102 Col.Santa Cruz C.P.46400. Tequila, Jalisco Tel:013747421313	Celia Villanueva Barragan	1438	152

PREMIUM TEQUILA

Brand (ブランド)	Owner (所有者)
Amate (アマテ)	Juan Carlos Jimenez Ahedo y Carlos Monsalve Agraz
En Vos Confio (エン・ボス・コンフィオ)	José Gabriel Berumen Tiburcio
La Chula (ラ・チュラ)	Jesus Antonio Tiburcio Berumen
Arraigo (アライゴ)	Premium Spirits Group, S.A.
Casa Pacific (カーサ・パシフィック)	Pacific Edge Marketing Group Inc.
El Ausente (エル・アウセンテ)	Destiladora Arandas, S.A. de C.V.
Jose Pepper´s (ホセ・ペッパーズ)	Aeroplano Spirits, S. de R.L. de C.V.
El Afan (エル・アファン)	Comercializacion Grupo Jalisco, S.A. de C.V.
El Patriota (エル・パトリオタ)	Arturo Pacheco Mondragon
Cinco Blancos (シンコ・ブランコス)	Destiladora Casa Blanca Vazquez, S.A. de C.V.
Herencia De Villa (エレンシア・デ・ビジャ)	Cuauhtemoc Villa Brito
Hacienda Del Cípres (アシエンダ・デル・シプレス)	Juan Carlos Camberos Vizcaino
El Bastimento (エル・バスティメント)	Victor Montes Ramirez
Nock (ノック)	Sergio Arturo Ortiz Khoury y Jose Pablo Rodriguez Samano
El Pial (エル・ピアル) /**Chulavista** (チュラビスタ) /**La Tarea** (ラ・タレア) /**Don Anselmo** (ドン・アンセルモ)	Destiladora de Agave Azul, S.A. de C.V.
Papa Grande (パパ・グランデ)	Botas Artesanos D´Miguel, S.A. de C.V.
Luna Malvada (ルナ・マルバダ)	Evil Moon Spirits, LLC
Casta Negra (カスタ・ネグラ)	Destiladora de Agave El Mentidero, S.C. de R.L.
El Reliz (エル・レリス)	David Olide Lomeli
Rancho La Joya (ランチョ・ラ・ホヤ)	Destiladora de Los Altos La Joya, S.A. de C.V.
Espuela De Oro (エスプエラ・デ・オロ) /**Hacienda Vieja** (アシエンダ・ビエハ) / **Don Felix** (ドン・フェリックス)	Destiladora de Los Altos, S.A. de C.V.
Marava (マラバ)	Destiladora de Tequila Marava S.P.R de R.L.
El Changuito (エル・チャンギト) /**Caballo Loco** (カバジョ・ロコ) /**Tierra De Caballos** (ティエラ・デ・カバジョス) /**S.O.S.** (エスオーエス) /**Casa Maestri** (カーサ・マエストリ) /**El Tirador** (エル・ティラドール)	Destiladora del Valle de Tequila, S.A. de C.V.
Joyas De Mexico (ホヤス・デ・メヒコ) /**El Rey y Yo** (エル・レイ・イ・ヨ) /**Tierra Fertil** (ティエラ・フェルティル) /**Padrisimo** (パドリシモ) /**El Pobre** (エル・ポブレ) /**Mujer Bonita** (ムヘル・ボニタ) /**La Hacienda Bonita** (ラ・アシエンダ・ボニタ) / **Reserva De MFM**(レセルバ・デ・エメエフェエメ)/**El Caballo Estrella**(エル・カバジョ・エストレジャ) /**Chucho El Roto** (チューチョ・エル・ロト)	Celia Villanueva Barragan
Magave (マガベ)	Michael J. Patane Dba Magave Tequila LLC.
Barbaro (バルバロ) /**El Padrino De Mi Tierra** (エル・パドリーノ・デ・ミ・ティエラ) /**SP 1889** (エセペー・ミル・オチョシエントス・オチェンタヌエベ)	Destiladora del Rey, S.A de C.V.
Chimayo (チマヨ)	Nicholas Enterprises, Inc.
El Premio De Jalisco (エル・プレミオ・デ・ハリスコ)	Corporacion de La Torre, S.A. de C.V.
Luna De Plata (ルナ・デ・プラタ)	Asap Importaciones y Exportaciones, S.A. de C.V.
Aeroplano (アエロプラノ)	Mario Igartua Desdier

VI 正規輸入会社とメキシコ国内瓶詰めブランド

	Company / Address (製造元／所在地)	Representative (代表者)	NOM	DOT
41	**Destiladora El Paisano, S.A. de C.V.** Predio El Fresno Km. 2S/N Col.Centro C.P.47980. Degollado, Jalisco Tel:013459372700	Ignacio González Plasencia	1561	277
42	**Destiladora El Paraiso, S.A. de C.V.** Av. Cuauhtemoc531-2 Col.Ciudad del Sol C.P.45050. Zapopan, Jalisco Tel:31225908	Miguel Ignacio Magaña Amezcua	1580	298
43	**Destiladora Gonzalez Gonzalez, S.A. de C.V.** Puerto Altata 1131 Col.Circunvalacion Belisario C.P.44330. Guadalajara, Jalisco TeL:36378484	Rodolfo Gonzalez Gonzalez	1143	96
44	**Destiladora Juanacatlan, S.P.R. de R.L. de C.V.** Camino Al Bajio Norte1 Col.Rancho Buenavista C.P.45880. Juanacatlan, Jalisco Tel:37323656	José Suarez Rodriguez	1551	268
45	**Destiladora La Barranca, S.A. de C.V.** Independencia97 Col.Centro C.P.47600. Tepatitlan de Morelos, Jalisco Tel:013787821467	J.Jesus Gutierrez Sanchez	1435	150
46	**Destiladora Los Magos, S.A. de C.V.** Avenida de Las Margaritas 177 Col.Jardines de La Calera C.P.45670. Tlajomulco de Zuñiga, Jalisco Tel:31615854	Francisco Ramiro Guizar Manzo	1431	144
47	**Destiladora Los Sauces, S.A. de C.V.** J. Jesus Reynoso115- A Col.Tepatitlan de Morelos Centro C.P.47600. Tepatitlan de Morelos, Jalisco Tel:013787822697	Octavio Alcala Gonzalez	1525	238
48	**Destiladora Refugio, S.A. de C.V.** 5 de Febrero154 Col.Centro C.P.45350. El Arenal, Jalisco Tel:013747480236	Ricardo Sandoval Gonzalez	1549	265

PREMIUM TEQUILA

Brand (ブランド)	Owner (所有者)
Don Sergio (ドン・セルヒオ) /**Agavales** (アガバレス)	Mexcor, Inc.
Verde Green (ヴェルデ・グリーン)	Jaime Jose Coira Villanueva
Los Azulejos (ロス・アスレホス)	Agaves Procesados, S.A. de C.V.
El Reformador (エル・レフォルマドール) /**Don Carranza** (ドン・カランサ) /**La Cava De Los Morales** (ラ・カバ・デ・ロス・モラレス)	Eduardo Morales Villanueva
Blue Iguana (ブルー イグアナ)	Iguana Tequila, S. de R.L. de C.V.
Uno Mas (ウノ・マス)	Joseph Patane
Toro Dorado (トロ・ドラド) /**Mi Cosecha** (ミ・コセチャ)	Destiladora El Paisano, S.A. de C.V.
Herencia Mexicana (エレンシア・メヒカーナ)	Destileria La Fortuna, S.A. de C.V
Nayar (ナヤル)	Julio Cesar Curiel
Tepozan (テポサン)	Tequila El Tepozan, S.A. de C.V.
Rocado (ロカド)	Tequila Rocado, S.A. de C.V.
Calle Azul (カジェ・アスル)	Sazerac Company, Inc.
Monte Alban (モンテ・アルバン)	Sazerac North America, Inc
Del Mayor(デル・マヨル)/**Estirpe** (エスティルペ)/**El Mayor**(エル・マヨル)/**Mayor**(マヨル)/**Exotico** (エクソティコ)	Destiladora Gonzalez Gonzalez, S.A. de C.V.
Carreta De Oro (カレッタ・デ・オロ) /**Carreta De Oro** (カレッタ・デ・オロ)	Destiladora Juanacatlan, S.P.R. de R.L. de C.V.
Diviane Rare (ディビアネ・ラレ)	Igor Oswaldo Mena Bravo
Gioventu (ジョベンテュー)	Grupo Diafesa, S. de R.L. de C.V.
Casa De Luna (カーサ・デ・ルナ)	Materia Prima Spirits, S.A. de C.V.
La Tilica (ラ・ティリカ)	Tequilera La Tilica, S.A. de C.V.
Jarro Viejo (ハロ・ビエホ) /**Escaramusa** (エスカラムサ)	Destiladora La Barranca, S.A. de C.V.
Cava Antigua (カバ・アンティグア) /**Calera** (カレラ) /**Calera Real** (カレラ・レアル) /**Cajititlan** (カヒティトラン) /**Pueblo Blanco** (プエブロ・ブランコ) /**Cielo Y Tierra** (シエロ・イ・ティエラ) /**Bajo Cero** (バホ・セロ) /**Deleite** (デレイテ)	Destiladora Los Magos, S.A. de C.V.
Don Ventura (ドン・ベントゥラ) /**Manalisco** (マナリスコ)	Guadalupe Macias Delgadillo
El Juez (エル・フエス)	Rodolfo Miranda Montes de Oca
El Autlense (エル・アウトレンセ)	José de Jesús Vargas Preciado
Suavecito (スアベシート)	Blue Agave Importers
Institucional (インスティトゥシオナル) /**33** (トレインタ・イ・トレス)	Grupo Industrial Muyaad, S.A. de C.V.
Penca Vieja (ペンカ・ビエハ)	Roberto Zepeda Valencia
Reserva Del Encino (レセルバ・デル・エンシノ)	Jose Salvador Ruvalcaba Lopez
Rancho De Oro (ランチョ・デ・オロ)	Ignacio García López
Cantares De Mi Raza (カンタレス・デ・ミ・ラサ)	Maria Soledad Bravo Rico
Prodigio (プロディヒオ)	El Prodigio de Exportar, S.A. de C.V.
El Adoniz (エル・アドニス)	Luis Enrique Arteaga Uribe
7 Siete De Copas (シエテ・デ・コパス) /**Charro Mexicano Antiguo** (チャロ・メヒカーノ・アンティグオ)	Comercializadora E Importadora Rucelo, S.A. de C.V.
Cava Alteña (カバ・アルテーニャ)	Destiladora Los Sauces, S.A. de C.V.
Epoca Dorada (エポカ・ドラダ) /**Seasons** (シーズンズ)	Hacienda San Jose de Miravalle, S.P.R. de R.L. de C.V.
Azul Imperial (アスル・インペリアル)	Macrina Montes Pelayo

VI 正規輸入会社とメキシコ国内瓶詰めブランド

	Company / Address (製造元／所在地)	Representative (代表者)	NOM	DOT
49	**Destiladora Rubio, S.A. de C.V.** CarreteRa Internacional200 Col.Santa Cruz C.P.46403. Tequila, Jalisco Tel:013747422830	Fernando Rubio Cuellar	1476	193
50	**Destiladora San Nicolas, S.A. de C.V.** Avenida Amercas1592 Col.Country Club C.P.44610. Guadalajara, Jalisco Tel:36480250	Tomas Ricardo Lange	1440	151
51	**Destiladora Santa Virginia, S.A. de C.V.** Independencia22 Int 2 Col.Centro C.P.47600. Tepatitlan de Morelos, Jalisco Tel:013787010020	Juan Enrique Franco Cuevas	1515	232
52	**Destiladora Suprema de Los Altos, S.A. de C.V.** Km. 3 Carr. Jesus Maria - ArandasS/N Col.Centro C.P.47950. Jesus Maria, Jalisco Tel:013487040001	Jose Rigoberto Peña Rubio	1528	243
53	**Destileria 501, S.A. de C.V.** Juarez 329 Col.Centro C.P.45350. El Arenal, Jalisco Tel:013747480275	Guillermo Flores Quintero	1464	188
54	**Destilería Eugénesis, S.A. de C.V.** Privada A40 Col.Jardines Seatlle C.P.45150. Zapopan, Jalisco Tel:38613820	Celso Hidalgo Rivera	1541	264
55	**Destileria Las Cañadas, S. de R.L. de C.V.** Avenida Tenamaxtlic1100 Col.Tolololtan C.P.45427. Tonala, Jalisco Tel:36170911	Gustavo Padilla Mendoza	1552	267
56	**Destileria Leyros, S.A. de C.V.** Carr. Internacional Guadalajara-Tepic394 Col.El Rosario C.P.46500. Tequila, Jalisco Tel:013747421514	Enrique Legorreta Peyton	1489	205
57	**Destilería Morales, S.A. de C.V.** Francisco Mora 528 Col.Rancho El Chivo C.P.47180. Arandas, Jalisco Tel:013487844316	Jorge Humberto Morales Arredondo	1535	247
58	**Destilerias Sierra Unidas S.A. de C.V.** Puerto Altata 1131-2 Col.Circunvalacion Belisario C.P.44330. Guadalajara, Jalisco Tel:36378484	Rodolfo Gonzalez Gonzalez	1451	166

PREMIUM TEQUILA

Brand (ブランド)	Owner (所有者)
Ixa (イクサ)	Modern Spirits, LLC
Don Rigo (ドン・リゴ)	Destiladora Refugio, S.A. de C.V.
Quinta De Gomez (キンタ・デ・ゴメス)	Quinta de Gomez. S. de R.L. de C.V.
Barcino (バルシーノ)	Agustin Macias Chumacera
El Estibador (エル・エスティバドール) /**Los Talpeños** (ロス・タルペニョス) /**El Tequilense** (エル・テキレンセ) /**El Carguero** (エル・カルゲロ) /**La Rienda** (ラ・リエンダ) /**Querer Es Poder** (ケレル・エス・ポデル) /**Caloron** (カロロン) /**La Carroza** (ラ・カロサ)	Destiladora Rubio, S.A. de C.V.
Lanz (ランス)	Exclusive Brands International, S.A. de C.V.
Nuestro Origen (ヌエストロ・オリーヘン)	Ricardo Fernandez Goldaracena y Jose Ramon Ruiz Castro
Kaban (カバン)	Mixology Canada, Inc.
El Espolon (エル・エスポロン) /**San Nicolas** (サン・ニコラス)	Destiladora San Nicolas, S.A. de C.V.
Cabo Wabo (カボ・ワボ)	Red Fire México, S. de R.L. de C.V.
Sangre Alteña (サングレ・アルテーニャ) /**Los Yugos** (ロス・ユゴス)	Destiladora Santa Virginia, S.A. de C.V.
Don Timbón (ドン・ティムボン)	Integracion Comercial Alteña, S.A. de C.V.
Chakmoolitro Chichen Itza (チャクモーリトロ・チチェン・イッツァ)	Documentadora Cumalrrad, S.A. de C.V.
La Cava del Mayoral (ラ・カバ・デル・マヨラル) /**Fiesta Guadalajara** (フィエスタ・グアダラハラ)	Destiladora Suprema de Los Altos, S.A. de C.V.
Montesinos (モンテシノス)	Jose Meliton Zamora Montesinos
Rebaño Sagrado (レバーニョ・サグラド)	Casa Colomos de Guadalajara, S.A. de C.V.
Doña Mariana (ドーニャ・マリアナ)	Jose de Jesus Vázquez Soriano
Super T (スペル・テー)	Jose RIgoberto Peña Rubio, Enrique Agustin Onofre Ortiz y Columbia Catalina Cordova Estrada
Ipassion (イパシオン) /**Rojo Pasion** (ロホ・パシオン) /**Rosa Pasion** (ロサ・パシオン)	Carlos Miguel Fonseca
Castelan (カステラン)	Santos Nueva Galicia, S.A. de C.V.
Torero (トレロ)	Tequila Torero, S. de R.L. de C.V.
Gran Arriero (グラン・アリエロ)	Tequila Arriero, S.A. de C.V.
Evolucion (エボルシオン) /**510** (キニエントス・ディエス) /**Muñeca** (ムニェカ)	Destileria 501, S.A. de C.V.
Pepe Zevada (ペペ・セバダ)	Jose Maria Zevada Gomez y Monica Alejandra Zevada Anderson
Aguila Azteca (アギラ・アステカ) /**Azul Eugenesis** (アスル・エウヘネシス) /**Azcona Azul** (アスコナ・アスル)	Destilería Eugénesis, S.A. de C.V.
916 (ノベシエントス・ディエシィセ イス)	Miguel Ivan Cruz Sandoval
Molino De Piedra (モリノ・デ・ピエドラ)	Tequila de Piedra, S.A. de C.V.
Montalvo (モンタルボ)	Destiladora Huerta Real, S.A. de C.V.
T A Auredon (ティー・エー・アウレドン)	Destilería Las Cañadas, S. de R.L. de C.V.
Casa Dragones (カーサ・ドラゴネス)	Playa Holding Corporation
Opalo Azul (オパロ・アスル)	Enrique Legorreta Peyton y Roberto Rosales Hernandez
Los Azules (ロス・アスレス) /**Don Fermin** (ドン・フェルミン)	Roberto Alfonso Ayllon
Tavi (タビ)	Tavi Donald Eggertson
Whispering Eye (ウィスパリング・アイ)	T2lj Brands LLC
Real De Mexico (レアル・デ・メヒコ) /**La Ruleta** (ラ・ルレタ)	Destilería Morales, S.A. de C.V.
1921 (ミル・ノベシエントス・ベインティウノ)	Corporacion Licorera 1910, S.A. de C.V.
Sierra (シエラ) /**Sierra Milenario** (シエラ・ミレナリオ) /**Sierra Antiguo** (シエラ・アンティグオ)	Borco-Marken-Import-Matthiesen Gmbh & Co KG

	Company / Address（製造元／所在地）	Representative（代表者）	NOM	DOT
59	**Elaboracion de Bebidas Destiladas de Agave, S.A. de C.V.** Camino A La Mesa 98 Col.El Arenal C.P.45350. El Arenal, Jalisco Tel:31510908	Rodrigo Roa Gonzalez	1524	237
60	**Empresa Ejidal Tequilera de Amatitan, S.P.R. de R.L. de C.V.** Camino A La Ex-Hacienda del Refugio S/N Col.Amatitan C.P.45380. Amatitan, Jalisco Tel:013747450043	Sergio Partida Zuñiga	1503	231
61	**Fabrica de Aguardientes de Agave La Mexicana, S.A. de C.V.** Km 2.5 Carr. Arandas - LeonS/N Col.Rancho Llano Grande C.P.47180. Arandas, Jalisco Tel:013487846051	José Alberto Aguirre Limon	1333	254
62	**Fabrica de Tequila Don Nacho, S.A. de C.V.** Km. 11.5 Carretera Arandas - Tepatitlan S/N Col.S/C C.P.47190. San Ignacio Cerro Gordo, Jalisco Tel:013487844902	Oscar Cesar Meza Ahumada	1508	222
63	**Fabrica de Tequila El Eden, S.A. de C.V.** Km. 2 Libramiento SurS/N Col.El Ocote de Enmedio C.P.47180. Arandas, Jalisco Tel:013487847041	Jose de Jesus Ramirez Magaña	1465	180
64	**Fabrica de Tequila El Nacimiento, S.A. de C.V.** Morelos217 Col.Centro C.P.47180. Arandas, Jalisco Tel:013487833316	Jose Guadalupe Quiroz Lopez	1455	174
65	**Fabrica de Tequila Tlaquepaque, S.A. de C.V.** Av. Antigua Carretera A Chapala6443 Col.Las Pintas C.P.45690. El Salto, Jalisco Tel:36894278	Carlos Benjamin Ojeda Orozco	1482	199
66	**Fabrica de Tequilas Finos, S.A. de C.V.** Heroe de Nacozari 5 Col.La Estacion C.P.46400. Tequila, Jalisco Tel:013747422232	Luz Maria Cabo Alvarez	1472	187
67	**Feliciano Vivanco y Asociados, S.A. de C.V.** Carretera Arandas - Tepatitlan Km. 2S/N Col.El Ranchito C.P.47180. Arandas, Jalisco Tel:013487830780	Feliciano Vivanco Fonseca	1414	129

PREMIUM TEQUILA

Brand (ブランド)	Owner (所有者)
El Camichin (エル・カミチン) /Bracero (ブラセロ) /Bandolon (バンドロン) / Distincion de Oro (ディスティンシオン・デ・オロ)	Elaboracion de Bebidas Destiladas de Agave, S.A. de C.V.
Leyenda Regional (レイエンダ・レヒオナル) /Regional (レヒオナル)	Empresa Ejidal Tequilera de Amatitan, S.P.R. de R.L. de C.V.
Origen Sagrado (オリヘン・サグラド)	Casa Origen Sagrado, S. de R.L. de C.V.
Azuñia (アスニア)	Maverick Spirits LLC/ Intersect Beverage LLC
Mexico Viejo (メヒコ・ビエホ) /Monarca (モナルカ) /San Jose De La Paz (サン・ホセ・デ・ラ・パス) /Forastero (フォラステロ) /Mexiquito (メヒキト) /Mexico Antiguo (メヒコ・アンティグオ) /San Jose (サン・ホセ)	Fabrica de Aguardientes de Agave La Mexicana, S.A. de C.V.
Don Nacho (ドン・ナチョ) /Somonque (スモンク) /Millonarios (ミジョナリオス)	Fabrica de Tequila Don Nacho, S.A. de C.V.
El Ocote (エル・オコテ)	Fabrica de Tequila El Eden, S.A. de C.V.
Frida Kahlo (フリーダ・カーロ)	Frida Kahlo Corporation
Marquez De Valencia (マルケス・デ・バレンシア)	Comercializadora de Vinos y Licores Marquez de Valencia, S. de R.L. de C.V.
Baluarte (バルアルテ)	Tequila Insignia S.A. de C.V.
Espuela Dorada (エスプエラ・ドラダ) /El Nacimiento (エル・ナシミエント)	Fabrica de Tequila El Nacimiento, S.A. de C.V.
La Terna (ラ・テルナ)	Tequila La Terna, S.A. de C.V.
Peña Blanca (ペニャ・ブランカ)	María Antonia Ángel León
Fiesta Cancun (フィエスタ・カンクン)	Industrializadora de Mezcal, S.A. de C.V.
Hacienda Testigo (アシエンダ・テスティゴ)	Jose Claudio Morales Romo
Cruz Del Sol (クルス・デル・ソル)	Los Diablos International, Inc.
ISEF Don Señor (イエセエエフェ・ドン・セニョール)	La Casa Real, Inc.
Fiestas De Mayo (フィエスタス・デ・マヨ) /Tlaquepaque (トラケパケ) /Senda Real (センダ・レアル) /Tres Rios (トレス・リオス) /Frontera (フロンテラ) /Booya (ボオヤ)	Fabrica de Tequila Tlaquepaque, S.A. de C.V.
Bruvado (ブルバド) /Santos (サントス) /Tonala (トナラ) /El Diamante Del Cielo (エル・ディアマンテ・デル・シエロ) /Pancho Pistolas (パンチョ・ピストラス) /Agave 99 (アガベ ノベンタ・イ・ノエベ) /Toluca (トルーカ) /Don Camilo (ドン・カミロ) /Stallion (スタリオン) /Zapopan (サポパン) /Tepeyac (テペヤック) /Trovador (トロバドール) /Tenoch (テノチ) /La Prima De Pancho (ラ・プリマ・デ・パンチョ) /Blanco Basura (ブランコ・バスラ)	Fabrica de Tequilas Finos, S.A. de C.V.
Roger Clyne´s Moonshine (ロジャー・クレインズ ムーンシャイン) /Roger Clyne´s Mexican Moonshine (ロジャー・クレインズメキシカンムーンシャイン)	Roger Clyne
Kah (カー)	Elements Spirits, Inc
Dosmanos (ドスマノス) /Tresmanos (トレスマノス)	Pacific Edge Marketing Group Inc.
Kirkland Signature (カークランドシグネチャー)	Costco Wholesale Corporation
Yéyo (イエーヨ)	Unique Liquid LLC
Seis Hermanas (セイス・エルマナス) /Calor (カロール)	Jalisco Trading Company, LLC
Buscadores (ブスカドレス) /Viva Mexico (ビバ・メヒコ) /Plantador (プランタドール)	Feliciano Vivanco y Asociados, S.A. de C.V.
Mañana (マニャーニャ)	Grupo Fernandez Toscano, S.A. de C.V.
Don Weber (ドン・ウエベル)	Arturo Fahme Gonzalez
Los Huerta (ロス・ウエルタ)	Consorcio Tequilero Jaliscience, S. de R.L. de C.V.
Pura Vida (プーラ・ビダ)	Pura Vida Tequila, LLC.
Gran Dovejo (グラン・ドベホ)	J. Jesús Venegas Mendez
Explorador (エクスプロラドール)	Alfredo Fonseca Jimenez
Artenom Selección De 1414 (アルテノム・セレクシオン・デ・ミル・クアトロシエントス・カトルセ)	Las Joyas del Agave, S.A. de C.V.

VI 正規輸入会社とメキシコ国内瓶詰めブランド

	Company / Address (製造元／所在地)	Representative (代表者)	NOM	DOT
68	**Grupo Familiar Don Crispin, S.A. de C.V.** Peña Blanca 2 Col.Los Agaves C.P.48400. Cabo Corrientes, Jalisco Tel:013222236003	Crispin Mejia Leyva	1512	227
69	**Grupo Industrial Tequilero de Los Altos de Jalisco, S.A. de C.V.** Km. 17.5 Carretera Arandas - TepatitlanS/N Col.San Ignacio Cerro Gordo C.P.47190. Arandas, Jalisco Tel:013487160317	José Eduardo Abarca Hernandez	1443	154
70	**Grupo Internacional de Exportacion, S.A de C.V.** Km. 15 Carretera A Chapala22 Col.El Zapote C.P.45640. Tlajomulco de Zuñiga, Jalisco Tel:36880611	Jorge Luis Camacho Ornelas	1471	186
71	**Grupo Tequilero de Los Altos, S.A. de C.V.** Francisco Mora62 Col.Centro C.P.47180. Arandas, Jalisco Tel:013487844944	Alejandro Rizo Guzman	1548	260
72	**Grupo Tequilero Mexico, S.A. de C.V.** Prolongacion Francisco Medina Ascencio820 Col.Santa Barbara C.P.47185. Arandas, Jalisco Tel:013487847310	Juan Antonio González Hernández	1468	182
73	**Grupo Tequilero Weber, S.A.P.I de C.V.** Firmamento572 Col.Jardines del Bosque C.P.44520. Guadalajara, Jalisco Tel:31224143	Jaime García Rodríguez	1578	294

PREMIUM TEQUILA

Brand (ブランド)	Owner (所有者)
Alderete (アルデレテ)	Jessie Aldrete Cordova
Siembra Azul (シエンブラ・アスル)	Annette M. Suro
Muchote (ムチョテ)	Mucho Tequila, Inc.
Viviana La Mexicana (ビビアナ・ラ・メヒカーナ)	Alias Smith Ab
Don Crispin (ドン・クリスピン)	Grupo Familiar Don Crispin, S.A. de C.V.
El Carril (エル・カリル) /**Campanario** (カンパナリオ) /**Sangre Azul** (サングレ・アスル) /**Don Pilar** (ドン・ピラール) /**Hacienda El Campanario** (アシエンダ・エル・カンパナリオ)	Grupo Industrial Tequilero de Los Altos de Jalisco, S.A. de C.V.
Altisima (アルティシマ)	Vinicola Nercar, S.A. de C.V.
Barrabas (バラバス) /**Valentin De La Sierra** (バレンティン・デ・ラ・シエラ) /**Los Duraznenses** (ロス・ドゥラスネンシス)	Servicio Comercial Delbueno, S.A. de C.V.
Scandalo (スキャンダロ)	Tequila Scandalo, S. de R.L. de C.V.
D´Alvarez (デ・アルバレス)	Tequilas Valle Azul, S.A. de C.V
Los Teran (ロス・テラン)	José de Jesús Delgado Vargas
Dulce Vida (ドゥルセ・ビダ)	Dv Spirits, LLC
Delbueno De La Buena Tierra Alteña (デルブエノ・デ・ラ・ブエナ・ティエラ・アルテーニャ)	La Fabrica de Tequila Jalisco, S.A. de C.V.
La Cava De Don Samuel (ラ・カバ・デ・ドン・サムエル)	Cava Don Samuel, S.A. de C.V.
D´Pura Raza (デ・プラ・ラサ)	El Trapiche Agavero, S.A. de C.V.
Tres Tios (トレス・ティオス)	Agave de Los Altos, S.P.R. de R.L.
El Orgullo Del Pueblo (エル・オルグージョ・デル・プエブロ)	Productora de Aguardiente y Licores de Arandas, S.A de C.V.
Rojo Verde (ロホ・ベルデ) /**Rincon Alteño** (リンコン・アルテニョ)	Salvador Hernandez Valle
La Revancha (ラ・レバンチャ) /**Don Abelardo** (ドン・アベラルド)	Grupo Internacional de Exportacion, S.A de C.V.
Proximus (プロヒムス)	Adega, LLC
Real Hacienda (レアル・アシエンダ) /**Espinoza** (エスピノサ)	Azteca Trade S.L.
Hacienda Mercado (アシエンダ・メルカド)	Market Bross, S.A. de C.V.
Peña De Bravos (ペニャ・デ・ブラボス)	Grupo Tequilero de Los Altos, S.A. de C.V.
Fiesta Brava (フィエスタ・ブラバ)	Manuel Carlos Garibay Ibarra
Aha Toro (アハ・トロ) /**Chile Caliente** (チレ・カリエンテ) /**Amigo Bf4e** (アミゴ・ベ・エフェ・クアトロ・エ)	Destilados Ole, S.A. de C.V.
Ortigoza (オルティゴサ)	Comercializadora Edga, S.A. de C.V.
Don Brito (ドン・ブリト)	Eduardo Sabat Martinez
Casa Vieja (カーサ・ビエハ) /**Arandense** (アランデンセ) /**Casa Real** (カーサ・レアル) /**Ranchero Premium** (ランチェロ・プレミアム) /**Tierra Brava** (ティエラ・ブラバ) /**Metzalcoatl** (メツァルコアトル)	Grupo Tequilero Mexico, S.A. de C.V.
Big Boy (ビッグボーイ)	Michael David Bensal
Alquimia (アルキミア)	Adolfo Murillo Alvarez
Ayamonte (アヤモンテ)	Punta Bosque, S.A. de C.V.
Tres Sombreros (トレス・ソンブレロス)	Beveland, S.A.
Regidor (レヒドール)	Azul y Rojo Import-Export S.L.
Palapa (パラパ)	Sierra Madre Trend Food Gmbh
Pacilon (パシロン)	Gandia 2000, S.L.
Terrateniente (テラテニエンテ)	Sotero Haro Licerio
Silvercoin (シルバーコイン)	Lee Pack
G.T.W. Rancho Lindo (ヘー.テー.ウベドブレ.ランチョ・リンド) /**Feria De Jalisco** (フェリア・デ・ハリスコ) /**G.T.W. Party** (ヘー.テー.ウベドブレ.パーティー)	Grupo Tequilero Weber, S.A.P.I de C.V.

VI 正規輸入会社とメキシコ国内瓶詰めブランド

	Company / Address（製造元／所在地）	Representative（代表者）	NOM	DOT
74	**Hacienda Capellania, S.A. de C.V.** Libramiento Norte26 Col.San Jose de Gracia C.P.47728. Tepatitlan de Morelos, Jalisco Tel:013919113111	Omar Alejandro Contreras Oseguera	1545	266
75	**Hacienda de Oro, S.A. de C.V.** R El Mirador Km 43-A Col.Sin Colonia C.P.45380. Amatitan, Jalisco Tel:013747450657	David Partida Zuñiga	1522	236
76	**Herlindo Luna García** Poblado El Castillo S/N Col.S/C C.P.46409. Tequila, Jalisco Tel:013747420695	Herlindo Luna Garcia	1539	262
77	**Impulsora Rombo, S.A. de C.V.** Av. Paseo de La Reforma 4 - H Col.Arboledas C.P.76140. Queretaro, Queretaro de Arteaga Tel:014422451166	Sadot Vazquez Rodriguez	1467	181
78	**Industrializadora de Agave San Isidro, S.A. de C.V.** Km. 2 Camino Tepatitlan A San Jose de GraciaS/N Col.del Carmen C.P.47690. Tepatitlan de Morelos, Jalisco Tel:013787825231	Jorge Octavio Mendoza Gonzalez	1420	134

PREMIUM TEQUILA

Brand (ブランド)	Owner (所有者)
Arrabalero (アラバレロ) **/Fuentes Guerra** (フエンテス・ゲラ)	Hacienda Capellania, S.A. de C.V.
Casa De Reynoso (カーサ・デ・レイノソ)	Asociados Serenata, S.A. de C.V.
Jorongo (ホロンゴ)	Azul Tequila Trade, S.A. de C.V.
El Cuete (エル・クエテ)	Grupo Empresarial Tequilero, S.A. de C.V.
Utopía (ウトピア)	Guillermo Flores Kanchi
J.V Jalisco Viejo (ホータ.ウベ ハリスコ・ビエホ)	Cesar Alejandro Marin Guerrero, Jose Arturo Marin Guerrero y Francisco Javier del Mazo Sanchez
Hacienda La Llave (アシエンダ・ラ・ヤベ)	Joel Gonzalez Robledo y J. Trinidad Aramburo Sarabia
Izkali (イスカリ)	Tri-Starco, Inc
Aroma (アロマ)	Raul Suarez y Victor Aranda
El Payo (エル・パヨ) **/Oro Liquido** (オロ・リキド) **/Hacienda De Oro** (アシエンダ・デ・オロ) **/El Ultimo Agave** (エル・ウルティモ・アガベ)	Hacienda de Oro, S.A. de C.V.
La Cuarta Generacion (ラ・クアルタ・ヘネラシオン)	Guadalupe Rosana Sauza Camarena
Semental (セメンタル)	Agavaceas de La Laguna, S.A. de C.V.
Sangre Rebelde (サングレ・レベルデ)	J. Jesus Rivera Landeros
Coa De Jima (コア・デ・ヒマ)	Sans Wine & Spirits Co.
To Die For (トゥー・ダイ・フォー)	Agave Underground, Inc.
XQ (エキスクー) **/Climax** (クライマックス)	Tradiciones Jaliscienses, S.A. de C.V.
374 (トレスシエントス・セテンタ・イ・クアトロ) **/Carmelita´s** (カルメリタス) **/Bonito Michoacan** (ボニト・ミチョアカン) **/La Piñata** (ラ・ピニャタ) **/Casa Don Juan** (カーサ・ドン・フアン)	Tequila Tazon, S.A de C.V.
Ponderado (ポンデラド)	Tequila Bola de Oro, S.A. de C.V.
Sierra Escondida (シエラ・エスコンディダ) **/El Castillo De Los Luna** (エル・カスティージョ・デ・ロス・ルナ)	Herlindo Luna García
El Cenit (エル・セニット)	Gabriel F. Gutierrez Velasco
Sierreño (シエレニョ)	Union de Taberneros de Tequila, S.P.R. de R.L.
Arrogante(アロガンテ)**/Terrafirme**(テラフィルメ)**/Hacienda De La Erre**(アシエンダ・デ・ラ・エレ) **/Rudo** (ルド) **/Kaos** (カオス) **/Técnico** (テクニコ) **/Zafarrancho** (サファランチョ) **/Fineza** (フィネッサ)	Impulsora Rombo, S.A. de C.V.
Don Enrique (ドン・エンリケ)	Jorge Talavera Ugalde
Los Troqueros (ロス・トロケロス)	Distribuidora Luz Maria, S.A. de C.V.
El Agave Artesanal (エル・アガベ・アルテサナル)	Tequila Agave Artesanal, S.A. de C.V.
El Aguijon (エル・アギホン)	David Assa Masri
La Martina (ラ・マルティナ)	El Arca del Sabor Enterprises, S.A. de C.V.
Chaya (チャヤ)	Interco Brands, Inc.
Origine (オリヒネ)	Winery Exchange, Inc.
Don Ramon (ドン・ラモン) **/Reserva De Don Ramon** (レセルバ・デ・ドン・ラモン) **/Don Ramon Platinium** (ドン・ラモン・プラティニウム)	Vela J-26, S.A. de C.V.
Suavemente (スアベメンテ)	Deborah Jean Farotte-Neal Thomas Lyons Dba Olé Sol
Davalos (ダバロス)	Davalos Spirits
Man in Black (メン・イン・ブラック)	Brian Kanof
3 Garantias (トレス・ガランティアス)	Comercializadora 3 Garantias, S.A. de C.V.
Mi Tiempo (ミ・ティエンポ)	Grupo Tequilero Internacional, S.A. de C.V.
Pretal (プレタル)	El Ranchero de Los Altos, S.C.L.
Candido (カンディド)	Casiba, S.A. de C.V.
Bonanza (ボナンサ)	Comercializadora Belgin, S.A. de C.V.
El Mandatario (エル・マンダタリオ)	Alteña Internacional, S.A. de C.V.
Real De Tejeda (レアル・デ・テヘダ)	Casa Real de Tequila, S.A. de C.V.
Leyenda Antigua (レイエンダ・アンティグア)	JYR Corp, S.A.

VI 正規輸入会社とメキシコ国内瓶詰めブランド

	Company / Address (製造元／所在地)	Representative (代表者)	NOM	DOT
79	**Industrializadora Integral del Agave, S.A. de C.V.** Periferico Sur 7750 Col.Santa Maria Tequepexpan C.P.45601. Tlaquepaque, Jalisco Tel:30034450	Alberto Vazquez Beltran	1417	288
80	**Integradora San Agustin, S.A. de C.V.** Carretera Tototlan- Tepatitlan Km. 8.3S/N Col.Sin Colonia C.P.47731. Tototlan, Jalisco Tel:013915964201	Gustavo Saldaña Reynaga	1547	259
81	**Jorge Salles Cuervo y Sucesores, S.A. de C.V.** Leandro Valle991 Col.Centro C.P.44100. Guadalajara, Jalisco Tel:36149400	Manuel Orozco Ramírez	1108	87
82	**La Cofradia, S.A. de C.V.** La Cofradia1297 Col.Cofradia C.P.46400. Tequila, Jalisco Tel:013747421418	Carlos Hernandez Ramos	1137	111

PREMIUM TEQUILA

Brand (ブランド)	Owner (所有者)
AGV 400 (ア・ヘ・ベ・クアトロシエントス)	Hacienda de Los Gonzales, S. de R.L. de C.V.
Cristeros (クリステロス)/**4 Machos** (クアトロ・マチョス)/**Rey Dragon** (レイ・ドラゴン)/**Gila** (ヒラ)/**El Cofre De Oro** (エル・コフレ・デ・オロ)/**Cristeros Platinium** (クリステロス・プラティニウム)	Industrializadora de Agave San Isidro, S.A. de C.V.
7 Mares (シエテ・マレス)	Tequilera Orgullo de Jalisco, S.A. de C.V.
50 Estrellas (シンクエンタ・エストレジャス)/**Bolix** (ボリックス)/**Destileria Vieja** (ディスティレリア・ビエハ)/**El Poeta** (エル・ポエタ)/**Infinidad** (インフィニダ)/**Garzon** (ガルソン)/**Buen Amigo** (ブエン・アミーゴ)/**Don Alvaro** (ドン・アルバロ)	Industrializadora Integral del Agave, S.A. de C.V.
El Tesoro De Mi Tierra (エル・テソロ・デ・ミ・ティエラ)/**Isa** (イサ)	Integradora San Agustin, S.A. de C.V.
David Reyes (ダビ・レイエス)	David Rayes Garcia Andrade
Dorado Del Bajio (ドラド・デル・バヒオ)	Industria Tequilera del Bajio, S. de R.L. de C.V.
Azteca Real (アステカ・レアル)	Agaves de Mezcala, S.P.R. de R.L. de C.V.
Granaditas (グラナディタス)/**Real De Guanajuato** (レアル・デ・グアナフアト)	Tequilera Regional Guanajuatense, S.A. de C.V.
Alien (エイリエン)	Alien Tequila Spirits Company LLC
El Tequileño (エル・テキレーニョ)/**El Tequileño Especial** (エル・テキレーニョ・エスペシアル)	Jorge Salles Cuervo y Sucesores, S.A. de C.V.
Real Valledero (レアル・バジェデロ)/**La Montura** (ラ・モントゥラ)/**Comalteco** (コマルテコ)/**Mi Buen** (ミ・ブエン)/**Oscada** (オスカダ)/**X-30** (エキス・トレインタ)/**Lajach** (ラハチ)/**La Hormiga** (ラ・オルミガ)/**Nueva Era** (ヌエバ・エラ)/**La Cava Del Villano** (ラ・カバ・デル・ビジャノ)/**Arroyo Azul** (アロヨ・アスル)/**Sota De Oro** (ソタ・デ・オロ)/**De Los Dorados** (デ・ロス・ドラドス)/**Aguascalientes** (アグアスカリエンテス)/**Los Cofrades** (ロス・コフラデス)/**Casa Cofradia** (カーサ・コフラディア)/**Don Primo** (ドン・プリモ)/**Sevilla La Villa** (セビジャ・ラ・ビジャ)/**Cava Del Villano** (カバ・デル・ビジャノ)/**Pepe Vinoria** (ペペ・ビノリア)/**Artillero** (アルティジェロ)/**Tres Alegres Compadres** (トレス・アレグレス・コンパドレス)/**La Cofradia** (ラ・コフラディア)/**Atalaje** (アタラヘ)	La Cofradia, S.A. de C.V.
Inocente (イノセンテ)	In The Black Beverage Corporation
El Charro Frances (エル・チャロ・フランセス)	Francois Gouygou
Señor Rio (セニョール・リオ)	Jonathan Gach
La Botana (ラ・ボタナ)	Rosa Laura Studer
Majesty T.M.A (マジェスティ ティー .エム.エー)	Trinity Export Import, Inc.
Gran Amigo (グラン・アミーゴ)	Jerry Adler Company
Calende (カレンデ)/**Cazul 100** (カスル・シエン)	United States Distilled Products Company
Maverick (マーヴェリック)	New Age Spirit Limited
Agave Loco (アガベ・ロコ)	Agave Loco, LLC
Love Shack (ラブ・シャック)	Love Shack, S.A. de C.V.
El Mamalón (エル・ママロン)	Angel Urcullo Salinas
Lagunillas (ラグニジャス)	Hector Meza Delgadillo
Alma Mia (アルマ・ミア)	Solo Tequila, S.A. de C.V.
Omega (オメガ)	Irya, S.A.
Cabo Unico (カボ・ウニコ)	Luis Roberto Hernandez Ramos
Los Trejos (ロス・トレホス)/**Grand Mayan** (グランド・マヤン)/**Grandioso Mayan** (グランディオソ・マヤン)	Carlos Alberto Monsalve Agraz
Tekio (テキオ)	Comercializadora Argon, S.A. de C.V.
CN Casa Noble (セーエヌ カーサ・ノブレ)/**Casa Noble** (カーサ・ノブレ)	Cn Bebidas Nobles de México, S. de R.L. de C.V.
Castillo Maya (カスティージョ・マヤ)	Jesus Ricardo Elizalde Hernandez
Salt & Lemon (ソルト&レモン)	Bernhard Machtel Lang
Don Jose Lopez Portillo (ドン・ホセ・ロペス・ポルティージョ)	Productora de Tequila Geminis, S.A. de C.V.
Casta Criolla (カスタ・クリオジャ)	Alfredo Fernandez del Campo Carreto
XXX Siglo Treinta (シグロ・トレインタ)	123 Spirits

VI 正規輸入会社とメキシコ国内瓶詰めブランド

	Company / Address（製造元／所在地）	Representative（代表者）	NOM	DOT
83	**La Madrileña, S.A. de C.V.** Avenida Insurgentes Sur 800 Piso 17 Col.del Valle C.P.03100. Benito Juarez, Distrito Federal Tel:38758804	Beatriz Cordero Guzman	1142	82
84	**Leticia Hermosillo Ravelero** Km. 32 Carretera Guadalajara - TepicS/N Col.El Arenal C.P.45350. El Arenal, Jalisco Tel:013747481095	Leticia Hermosillo Ravelero	1477	194
85	**Lucio Rivera de Aro** Rancho San Francisco S/N Col.La Auxiliadora C.P.45380. Amatitan, Jalisco Tel:013747450745	Lucio Rivera de Aro	1543	257
86	**Marco Antonio Jauregui Huerta** Lazaro Cardenas 270 Col.La Aguacatera C.P.45350. El Arenal, Jalisco Tel:013747481017	Marco Antonio Jauregui Huerta	1450	165
87	**Metlalli, S.A. de C.V.** Km. 11 Carretera Al SalvadorS/N Col.Chome C.P.45380. Amatitan, Jalisco Tel:0443334050910	Francisco Partida Hernandez	1419	139
88	**Patron Spirits Mexico, S.A. de C.V.** Avenida Mariano Otero 1249 B111 Col.Rinconada del Bosque C.P.44530. Guadalajara, Jalisco Tel:31231571	Carlos Mauricio Berni Prado	1492	207
89	**Pernod Ricard Mexico, S.A. de C.V.** Paseo de Los Tamarindos 100 Col.Bosque de Las Lomas C.P.05120. Cuajimalpa de Morelos, Distrito Federal Tel:5511059292	Francois Bouyra Lacombe	1111	83
90	**Premium de Jalisco, S.A. de C.V.** Circuito Madrigal4277 Col.San Wenceslao C.P.45110. Zapopan, Jalisco Tel:36284045	Raul Herrera Anaya	1558	273
91	**Procesadora de Agave Penjamo, S.A. de C.V.** Camelinas 2 Col.Centro C.P.36900. Penjamo, Guanajuato Tel:014696922450	Javier Arroyo Solis	1434	147

PREMIUM TEQUILA

Brand (ブランド)	Owner (所有者)
Don Viejo (ドン・ビエホ)	Levecke Corporation
Tabasco (タバスコ)	Heaven Hill Distilleries, Inc.
Jarana (ハラナ) /**Mayorazgo** (マヨラスゴ) /**Xicote** (シコテ) /**Coa de Azul** (コア・デ・アスル) /**Premier** (プレミエール) /**Barricas Premier** (バリカス・プレミエール)	La Madrileña, S.A. de C.V.
CDF (セーデーエフェ) /**Adrenalina** (アドレナリナ) /**Con Alma De Mujer** (コン・アルマ・デ・ムヘル) /**Cava De Oro** (カバ・デ・オロ)	Leticia Hermosillo Ravelero
3 Vaquitas (トレス・バキタス)	Maria de Jesus Perez Martinez
Montemayor (モンテマヨル)	Patricia Montemayor Cantú
Don Elias (ドン・エリアス)	Joaquin Roles Robles
Raygoza (レイゴサ) /**Don Cayo** (ドン・カヨ) /**Descarriado** (デスカリアド)	Union de Produccion Rural Tequilera y Derivados RaygOza Sanchez, S. de R.L.
Desaamante (デサアマンテ)	Saul de La Vega Basurto
Don Cheyo (ドン・チェヨ) /**Volador** (ボラドール)	Jago Usa, Inc.
Hacienda Del Cabo (アシエンダ・デル・カボ)	Comercializadora Cabo Agave Azul, S. de R.L. de C.V.
Desobediente (デソベディエンテ)	Gildardo Partida Hermosillo
Ambar (アンバール)	Isis Elizabeth Ramirez Gaytan
Pechocha (ペチョチャ)	Juan Garcia Romero
Tejano (テハノ)	Agnes Heppler
Caramba (カランバ)	Montecristo Imports Inc.
La Catrina (ラ・カトリナ)	Villa Vainilla, S. de R.L. de C.V.
Tequihua (テキウア)	Lucio Rivera de Aro
DV Don Valente (デーウベ ドン・バレンテ) /**Tiquilito-UF** (ティキリート・ウーエフェ)	Marco Antonio Jauregui Huerta
La Brecha (ラ・ブレチャ)	Industrias Elidsos, S. de R.L.
Buen Motivo (ブエン・モティーボ)	Metlalli, S.A. de C.V.
Canicas (カニカス)	Destiladora Canicas, S.A. de C.V.
Acumbaro (アクンバロ) /**Solorzano** (ソロルサノ)	Destiladora Mexicana, S.A. de C.V.
Don Raul (ドン・ラウル) /**Rey Viejo** (レイ・ビエホ) /**K-TZAL** (ケットサル) /**El Catoral** (エル・カトラル)	Comercializadora de Productos de Agave Castro Urdiales, S.A. de C.V.
Don Tadeo (ドン・タデオ) /**Don Tadeo T.Q.** (ドン・タデオ テー.クー.)	Compañia Destiladora Nova Galicia, S. de R.L. de C.V.
Eruption (イラップション)	Eruption International, S. de R.L. de C.V.
Ra El Refugio Del Aguila (ラ・エル・レフヒオ・デル・アギラ)	Ricardo Avalos Milan
Patron (パトロン) /**Gran Patron Platinum** (グラン・パトロン・プラティナ) /**Gran Patron Burdeos** (グラン・パトロン・ブルデオス)	Patron Spirits International Ag
Tezón (テソン) /**Tevado** (テバド) /**Inmemorial Viuda De Romero** (インメモリアル・ビウダ・デ・ロメロ) /**Olmeca** (オルメカ) /**Viuda De Romero** (ビウダ・デ・ロメロ) /**Garibaldi** (ガリバルディ) /**Mariachi** (マリアチ) /**RSV Agavia** (エレエセウベ アガビア) /**Olmeca Altos** (オルメカ・アルトス) /**Coyote** (コヨーテ) /**Real Hacienda** (レアル・アシエンダ) /**Olmeca Tezon** (オルメカ・テソン)	Pernod Ricard Mexico, S.A. de C.V.
El Sagrado (エル・サグラド) /**Chamucos** (チャムコス) /**Luna Nueva** (ルナ・ヌエバ) /**Tierra Noble** (ティエラ・ノブレ) /**Dos Armadillos** (ドス・アルマディージョス) /**El Flechador** (エル・フレチャドール)	Premium de Jalisco, S.A. de C.V.
Trader Jose´s (トレーダーホセズ)	Trader Joe´s Company Corporation
Aranza (アランサ) /**Real De Penjamo** (レアル・デ・ペンハモ)	Procesadora de Agave Penjamo, S.A. de C.V.

VI 正規輸入会社とメキシコ国内瓶詰めブランド

	Company / Address (製造元／所在地)	Representative (代表者)	NOM	DOT
92	**Productores de Agave y Derivados de Degollado, S.P.R. de R.L.** Camino A Los Ranchitos181 Col.Centro C.P.47980. Degollado, Jalisco Tel:013459371881	Amado García Oñate	1514	226
93	**Productores de Tequila de Arandas, S. de R.L. de C.V.** Toltecas3357 - A Col.Monraz C.P.44670. Guadalajara, Jalisco Tel:013487830450	Gabriel Espindola MarTinez	1505	219
94	**Productos Finos de Agave, S.A. de C.V.** Av. Plan de San Luis 1402 Col.Mezquitan Country C.P.44260. Guadalajara, Jalisco Tel:38231644	Oscar Alejandro Lopez Orozco	1416	138
95	**Productos Regionales de Atotonilco, S.A. de C.V.** Km. 2 Carretera A La PurisimaS/N Col.La Purisima C.P.47750. Atotonilco El Alto, Jalisco Tel:36711308	Cesar Gonzalez Ruiz	1526	239
96	**Productos Selectos de Agave, S.P.R. de R.L. de C.V.** Tequila1910 Col.Cuauhtemoc C.P.59510. Jiquilpan, Michoacan de Ocampo Tel:33301100	José Roberto Ciprés Cruces	1566	283
97	**Proveedora y Procesadora de Agave Tres Hermanos, S.A. de C.V.** San Jose Obrero3 Col.S/C C.P.45380. Amatitan, Jalisco Tel:013747450961	Jose de Jesus Correa Yera	1439	153
98	**Rivesca, S.A.de C.V.** Pensador Mexicano 9 Col.Los Conos C.P.45380. Amatitan, Jalisco Tel:013747450327	Nestor Rivera Escareño	1531	253
99	**Tecnoagave, S.A. de C.V.** Lopez Rayon45 Col.Centro C.P.59400. Marcos Castellanos, Michoacan de Ocampo Tel:013815371974	Roberto Martínez Cruz	1527	241

PREMIUM TEQUILA

Brand (ブランド)	Owner (所有者)
El Dadito (エル・ダディート) **/Degollado** (デゴジャド)	Productores de Agave y Derivados de Degollado, S.P.R. de R.L.
Pueblito (プエブリト) **/Toro Bravo** (トロ・ブラボ) **/La Reata** (ラ・レアタ)	Jesus Adalberto Bollain y Goytia
Avion (アビオン)	Avion Tequila LLC
Talero (タレロ)	Galeru Spirits, Inc
El Tesoro De Mi Pueblo (エル・テソロ・デ・ミ・プエブロ)	Irma Mora Macias
Los Primos (ロス・プリモス)	Productores de Tequila Artesanal, S.A. de C.V.
Viva Mojo (ビバ・モホ)	Raffaele Pasquale Berardi Kurer
JLP (ホータエレペー)	Javier Miguel Martinez Guajardo
Campo Azul (カンポ・アスル) **/Cumbres** (クンブレス) **/J.M.** (ホータ.エメ) **/Rancho Alegre** (ランチョ・アレグレ) **/Rancho Caliente** (ランチョ・カリエンテ) **/Don Alejandro** (ドン・アレハンドロ) **/Messicano Alteño** (メシカーノ・アルテーニョ) **/Tesoro Azul** (テソロ・アスル) **/Campo Azul 100** (カンポ・アスル・シエン) **/Rio Caliente** (リオ・カリエンテ) **/Jalmex** (ハルメックス) **/Rilo** (リロ) **/Toro Alteño** (トロ・アルテーニョ) **/Campo Azul Especial** (カンポ・アスル・エスペシアル) **/Estampida** (エスタンピダ) **/Agave De Plata** (アガベ・デ・プラタ) **/Mi Generacion** (ミ・ヘネラシオン) **/Reverendo** (レベレンド)	Productos Finos de Agave, S.A. de C.V.
Magenta (マヘンタ) **/Aficionado** (アフィシオナド)	Aficionado, S.A. de C.V.
Clase Azul (クラセ・アスル) **/El Teporocho** (エル・テポロチョ)	Casa Tradición, S.A. de C.V.
Alce Negro (アルセ・ネグロ) **/Luna Azteca** (ルナ・アステカ)	Casa Tequilera Alce Negro, S.A. de C.V.
Azul Grande (アスル・グランデ)	Asociacion Productora de Agave y Sus Derivados, S. de P.R. de R.L.
Ranchero (ランチェロ)	Stoller Wholesale Wines & Spirits Inc
Hacienda Mexicana De Don Patricio (アシエンダ・メヒカーナ・デ・ドン・パトリシオ)	Juan Pablo Garcia Bueno
Esperanto Seleccion (エスペラント・セレクシオン)	Tequilera Esperanto, S.A. de C.V.
Corrido (コリード)	True Blue Imports, LLC
Ana Fair (アナ・フェア)	Villa Brands, LLC
Sol De Mexico (ソル・デ・メヒコ) **/Los Kikirikis** (ロス・キキリキス) **/El Rincon** (エル・リンコン)	Productos Regionales de Atotonilco, S.A. de C.V.
El Grado (エル・グラド)	El Grado, LLC
Campo Bravo (カンポ・ブラボ) **/Murmullo** (ムルムジョ)	Productos Selectos de Agave, S.P.R. de R.L. de C.V.
El Paseillo Charro (エル・パセイージョ・チャロ) **/El Pozo** (エル・ポソ) **/The TKO Champion's** (ザ・ティーケーオー・チャンピオンズ) **/El Fogonero** (エル・フォゴネロ)	Proveedora y Procesadora de Agave Tres Hermanos, S.A. de C.V.
El Berrinche (エル・ベリンチェ)	Victor Manuel Ponza Gonzalez
Mar Azul (マル・アスル)	Pyatt Enterprises, LLC
Estrella Azul (エストレジャ・アスル) **/Jeremías** (ヘレミアス) **/Regalo De Dios** (レガロ・デ・ディオス)	Rivesca, S.A.de C.V.
Toro De Lidia (トロ・デ・リディア)	Fernando del Toro Rivera
Bridon (ブリドン)	Agroprocesos Robles Cortes, S. de R.L. de C.V.
Hechicero (エチセロ)	Jorge Fernando Perez Arce Palazuelos
Don Modesto (ドン・モデスト)	Modesto Spirits Inc
Ds Company (ディーエス・カンパニー)	Joachim Kevin Klatzkow
Montaña Azul (モンタニャ・アスル) **/Insurgente** (インスルヘンテ)	Tecnoagave, S.A. de C.V.

VI 正規輸入会社とメキシコ国内瓶詰めブランド

	Company / Address (製造元／所在地)	Representative (代表者)	NOM	DOT
100	**Tequila 3 Reales de Jalisco, S.A. de C.V.** Raúl Arellano5701 Col.Paseos del Sol C.P.45079. Zapopan, Jalisco Tel:38135782	Antelmo Vega Diaz	1556	272
101	**Tequila Arette de Jalisco, S.A. de C.V.** Silverio Nuñez100 Col.Centro C.P.46400. Tequila, Jalisco Tel:013747420246	Eduardo Orendain Giovannini	1109	98
102	**Tequila Artesanal de Los Altos de Jalisco, S.A. de C.V.** Rancho Agua Fría S/N Col.San Francisco de Asís C.P.47755. Atotonilco El Alto, Jalisco Tel:013919317304	Carlos Orozco Jimenez	1436	156
103	**Tequila Casa de Los Gonzalez, S.A. de C.V.** Avenida de La Paz 2190 Col.Obrera Centro C.P.44140. Guadalajara, Jalisco Tel:33448045	Francisco Javier Gonzalez Garcia	1518	234
104	**Tequila Cascahuin, S.A** Hospital 423 Col.Centro Barranquitas C.P.44280. Guadalajara, Jalisco Tel:36149958	Salvador Rosales Torres	1123	106
105	**Tequila Centinela, S.A. de C.V.** Rancho El Centinela A 1.5 Km. de La Carr. Arandas-Tepa Lib. A Martinez ValadezS/N Col.S/C C.P.47180. Arandas, Jalisco Tel:013487830468	Jose Luis Sanchez Rojas	1140	86
106	**Tequila Don Julio, S.A de C.V.** Porfirio Diaz 17 Col.El Chichimeco C.P.47750. Atotonilco El Alto, Jalisco Tel:013919170450	Enrique Agustin de Colsa Ranero	1449	163
107	**Tequila Doña Engracia, S.A. de C.V.** Carr. A Las Palmas S/N Col.La Desembocada C.P.48272. Puerto Vallarta, Jalisco Tel:013222812842	Carlos Alejandro Jos Gerard Contreras	1540	252
108	**Tequila El Viejito, S.A. de C.V.** Eucalipto 2234 Col.del Fresno C.P.44900. Guadalajara, Jalisco Tel:38129092	Juan Eduardo Nuñez Eddins	1107	94
109	**Tequila Embajador, S.A. de C.V.** Km. 7 Carretera Atotonilco El Alto - ArandasS/N Col.Rancho Santa Rosa C.P.47750. Atotonilco El Alto, Jalisco Tel:3313695539	Cristobal Morales Hernandez	1509	224

PREMIUM TEQUILA

Brand (ブランド)	Owner (所有者)
Teteo (テテオ) /**La Cuerda** (ラ・クエルダ)	Tequila 3 Reales de Jalisco, S.A. de C.V.
Arette Gran Clase (アレッテ・グラン・クラセ) /**El Gran Viejo** (エル・グラン・ビエホ) /**Arette** (アレッテ) /**Arette Unique** (アレッテ・ユニク) /**Express** (エクスプレス) /**Agave De Oro** (アガベ・デ・オロ)	Tequila Arette de Jalisco, S.A. de C.V.
Tres Agaves (トレス・アガベス)	Tres Agaves Products, Inc.
Otra Vida (オトラ・ビダ)	Alfonso Favián Azpeitia Berni
Fina Estampa (フィナ・エスタンパ)	Tequila Artesanal de Los Altos de Jalisco, S.A. de C.V.
Ofteno (オフテノ) /**Eduardo Gonzalez G** (エドゥアルド・ゴンサレス・ヘー) /**Iger** (イヘル) /**Chepeche** (チェペチェ) /**Cava 23** (カバ・ベインティトレス) /**Caabsa Eagle** (ケーブサ・イーグル) /**De Autor** (デ・アウトル) /**Reserva De Los Gonzalez** (レセルバ・デ・ロス・ゴンサレス) /**Tres Leones** (トレス・レオネス) /**Argentilia** (アルヘンティリア) /**Cava 20** (カバ・ベインテ) /**Sancoy** (サンコイ) /**Francisco J. Gonzalez G** (フランシスコ・ホタ・ゴンサレス・ヘー)	Tequila Casa de Los Gonzalez, S.A. de C.V.
Cuernito (クエルニト) /**5to. Quinto** (キント) /**Cascahuin** (カスカウイン)	Tequila Cascahuin, S.A
Arriero (アリエロ)	Tequila Arriero, S.A. de C.V.
Los Espejos (ロス・エスペホス)	Heliodoro Rodero Matos
Caballo De Hacienda (カバージョ・デ・アシエンダ)	Tequila Cerro Viejo, S.A. de C.V.
Revolucion (レボルシオン)	Tequila Revolucion, S.A.P.I. de C.V.
Centinela Imperial (センティネラ・インペリアル) /**Caballo Lucero** (カバージョ・ルセロ) /**Gran Campirano** (グラン・カンピラノ) /**Centinela** (センティネラ) /**Cabrito** (カブリト) /**Caracol** (カラコル) /**Cariño** (カリーニョ)	Tequila Centinela, S.A. de C.V.
Reserva De Don Julio (レセルバ・デ・ドン・フリオ) /**Don Julio 1942** (ドン・フリオ ミル・ノベシエントス・クアレンタ・イ・ドス) /**Don Julio Real** (ドン・フリオ・レアル) /**Don Julio** (ドン・フリオ) /**Tres Magueyes** (トレス・マゲイヤス) /**Tres Magueyes Gran Reserva** (トレス・マゲイヤス・グラン・レセルバ) /**3 Magueyes** (トレス・マゲイヤス) /**Tres Magueyes Reserva De La Casa** (トレス・マゲイヤス・レセルバ・デ・ラ・カーサ)	Tequila Don Julio, S.A de C.V.
Doña Engracia (ドニャ・エングラシア)	Tequila Doña Engracia, S.A. de C.V.
El Set (エル・セト) /**Distinqt** (ディスティンクト) /**Jose Mandes** (ホセ・マンデス) /**Don Quixote** (ドン・キホーテ) /**Los Cinco Soles** (ロス・シンコ・ソレス) /**Mi Viejo** (ミ・ビエホ) /**Rainbow Red** (レインボー・レッド) /**Rosita** (ロシタ) /**Calende** (カレンデ) /**Tortuga** (トルトゥガ) /**Tikal** (ティカル) /**Sunny Hill** (サニー・ヒル) /**Durango** (ドゥランゴ) /**Don Benito** (ドン・ベニト) /**El Viejito** (エル・ビエヒト) /**Aguila** (アギラ)	Tequila El Viejito, S.A. de C.V.
Espanta Suegras (エスパンタ・スエグラス)	Francisco Guillermo Mendoza Tarre
La Forja (ラ・フォルハ)	Complejo Industrial RM, S.A. de C.V.
Patria (パトリア)	Caribbean Distillers Corporation International Limited
Peligroso (ペリグロソ)	Peligroso Spirits Company, LLC
Campeon (カンペオン)	Allied Lomar, Inc.
Karma (カルマ)	Wc Spirits, LLC
Embajador (エンバハドール) /**Embajador Jalisciense** (エンバハドール・ハリスエンセ) /**EG El General** (エーヘー エル・ヘネラル)	Tequila Embajador, S.A. de C.V.
Crotalo (クロタロ)	Macrac Ernterprises Inc DBA Crotalo Spirits
Paco Chicano by Christian Audigier (パコ・チカーノ バイ クリスチャン・オードジェー)	Chicano Distributing, Inc
Don Braulio Gonzalez (ドン・ブラウリオ・ゴンサレス)	Aquaeden Comercializadora, S.A. de C.V.
El Ruedo (エル・ルエド)	Maricela Vargas Alvarez
Cabresto (カブレスト)	Tequilera La Escondida, S.A. de C.V.
Don Quintin (ドン・キンティン)	Integracion Comercial Alteña, S.A. de C.V.

Ⅵ 正規輸入会社とメキシコ国内瓶詰めブランド

	Company / Address (製造元／所在地)	Representative (代表者)	NOM	DOT
110	**Tequila Galindo, S.A. de C.V.** Km. 1 Carretera Arandas - Atotonilco4d Col.Presa de Barajas C.P.47180. Arandas, Jalisco Tel:013787121361	Miguel Galindo Galindo	1517	233
111	**Tequila Las Americas, S.A. de C.V.** Maria Guadalupe de Hernandez Loza 45 Col.Obrera C.P.45380. Amatitan, Jalisco Tel:013747450301	Alvaro Montes Rivera	1480	204
112	**Tequila Los Abuelos, S.A. de C.V.** Vicente Albino Rojas 22-1 Col.Centro C.P.46400. Tequila, Jalisco Tel:013747420247	Maria Cristina Hernandez Garrido	1493	212
113	**Tequila Orendain de Jalisco, S.A. de C.V.** Tabasco208 Col.Centro C.P.46400. Tequila, Jalisco Tel:013747421064	Juan Jose Orendain Hernandez	1110	95
114	**Tequila Quiote, S.A. de C.V.** Extramuros 502 Col.San Francisco de Asis C.P.47755. Atotonilco El Alto, Jalisco Tel:013919317080	Jose Alfonso Serrano Gonzalez	1433	148
115	**Tequila San Matias de Jalisco, S.A. de C.V.** Calderon de La Barca 177 Col.Arcos Sur C.P.44500. Guadalajara, Jalisco Tel:30010800	Mario Edmundo Echanove Carrillo	1103	93

PREMIUM TEQUILA

Brand (ブランド)	Owner (所有者)
Nuestro Angel (ヌエストロ・アンヘル)	Miren Zuriñe Jauregui Dominguez
Alma De Agave (アルマ・デ・アガベ)	Carlos Flores Jimnez
Oro Real (オロ・レアル)	Antonio Vargas Alvarez
El Decreto (エル・デクレト)	Destilasgo, S.A. de C.V.
Galindo (ガリンド) /**Hacienda Galindo** (アシエンダ・ガリンド)	Tequila Galindo, S.A. de C.V.
Fuereño (フエレニョ)	Francisco Javier Rizo Guzman
Nuestro Orgullo (ヌエストロ・オルグージョ)	Cia. Tequilera de Jalisco, S.A. de C.V.
Angeles De Oro (アンヘレス・デ・オロ)	San Antonio Winery, Inc.
Orgullo De Penjamo (オルグージョ・デ・ペンハモ)	Productores de Agave de Penjamo, S.P.R. de R.L.
Mine Mia (ミネ・ミア)	Cesar Augusto Gonzalez Ramos
El Gran Jurado (エル・グラン・フラド)	Tequilera Los Abuelos, S.A. de C.V.
Cenquizca (センキスカ)	Conrad Avenant Sylaire
Celestial (セレスティアル)	Garcia Group Spirits, LLC
San Miguel FP (サン・ミゲル・エフェペー)	Fernando Pelaez Uranga
Division Del Norte (ディビシオン・デル・ノルテ)	La Gema de Zacatecas, S.A. de C.V.
Hacienda Copala (アシエンダ・コパラ)	Rene Justin Rivial Leon
Puro One-Ten (プロ ワン-テン) /**Puro Verde** (プロ・ベルデ)	Puro Verde Spirits, Inc.
123 (シエントベインティトレス)	David Ravandi
Clemente (クレメンテ)	Clemente Global Importing, LLC
Valenton (バレントン) /**Jaleo** (ハレオ)	Consolutions Group, S.A. de C.V.
Mexico Azul Antiguo (メヒコ・アスル・アンティグオ) /**México Azul** (メヒコ・アスル)	Business Box. S.A. de C.V.
El Viejo Luis (エル・ビエホ・ルイス)	Rool Europe AG
Valenton (バレントン)	Rool Usa Corporation
Don Abraham (ドン・アブラハム) /**El Ultimo Tiron** (エル・ウルティモ・ティロン) /**Pasion De Mujer** (パシオン・デ・ムヘル)	Tequila Las Americas, S.A. de C.V.
Palacio De Ocomo (パラシオ・デ・オコモ)	Familia Navarro, S.P.R. de R.L.
Fortaleza (フォルタレサ) /**Los Abuelos** (ロス・アブエロス)	Tequila Los Abuelos, S.A. de C.V.
Ollitas (オジタス) /**Orendain Blanco** (オレンダイン・ブランコ) /**Orendain Extra** (オレンダイン・エクストラ) /**Orendain Anniversario** (オレンダイン・アニベルサリオ) /**Orendain** (オレンダイン) /**Puerto Vallarta** (プエルト・バジャルタ) /**Señor Chavez** (セニョール・チャベス) /**Batanga** (バタンガ) /**Gran Orendain** (グラン・オレンダイン) /**El Mejor** (エル・メホル) /**Orendain Ollitas** (オレンダイン・オジタス) /**Orendain Celebracion** (オレンダイン・セレブラシオン) /**Fonda Blanca** (フォンダ・ブランカ) /**Cantinero** (カンティネロ) /**Roble Viejo** (ロブレ・ビエホ)	Tequila Orendain de Jalisco, S.A. de C.V.
Peñasco (ペニャスコ)	Grupo Majestic International, S. de R.L. de C.V.
Puerto Vallarta (プエルト・バジャルタ)	Frank-Lin Distillers Products, Ltd
Tavi (タビ)	Tavi Donald Eggertson
Kanava (カナバ)	Elvira Gomez
Cava Don Anastacio (カバ・ドン・アナスタシオ) /**El Toril** (エル・トリル) /**Solo Mexico** (ソロ・メヒコ) /**Quiote** (キオーテ) /**Cava Don Anastacio** (カバ・ドン・アナスタシオ) /**Caballito Cerrero** (カバジート・セレロ)	Tequila Quiote, S.A. de C.V.
Hermanos Large (エルマノス・ラルヘ)	Hermanos Large, S. de R.L. de C.V.
Montejima (モンテヒマ)	Miguel Angel Montiel Novales
Ojo De Agua (オホ・デ・アグア) /**Carmesi** (カルメシ) /**Pueblo Viejo** (プエブロ・ビエホ) /**San Matias** (サン・マティアス) /**Rey Sol** (レイ・ソル) /**Carmessi** (カルメシ) /**Mexicali** (メヒカリ) /**San Matias Legado** (サン・マティアス・レガド) /**Orgullo Pueblo Viejo** (オルグージョ・プエブロ・ビエホ)	Tequila San Matias de Jalisco, S.A. de C.V.
Corazon De Agave (コラソン・デ・アガベ)	Sazerac Company, Inc.

VI 正規輸入会社とメキシコ国内瓶詰めブランド

	Company / Address (製造元／所在地)	Representative (代表者)	NOM	DOT
116	**Tequila Santa Fe, S.A. de C.V.** Gobernador Curiel 1708 - A Col.Morelos C.P.44910. Guadalajara, Jalisco Tel:38117946	Salvador Valenzuela Foster	1112	112
117	**Tequila Sauza, S. de R.L. de C.V.** Av. Vallarta6503 Col.Ciudad Granja C.P.45010. Zapopan, Jalisco Tel:36790600	David Steven Turo	1102	88
118	**Tequila Selecto de Amatitan, S.A. de C.V.** Km. 2 Camino A La Villa de Cuerambaro S/N Col.Amatitan C.P.45380. Amatitan, Jalisco Tel:013747450690	Fernando Real Meza	1459	173
119	**Tequila Siete Leguas, S.A. de C.V.** Avenida Independencia 360 Col.San Felipe C.P.47754. Atotonilco El Alto, Jalisco Tel:013919170996	Juan Fernando Gonzalez de Anda	1120	104
120	**Tequila Supremo, S.A. de C.V.** Carretera A La Base Aerea 3640 - 4 Col.Fraccionamiento Base Area Ii C.P.45200. Zapopan, Jalisco Tel:38364420	Armando Guilllen Padilla	1456	171
121	**Tequila Tapatio, S.A. de C.V.** Obregon35 Col.Centro C.P.47180. Arandas, Jalisco Tel:013487830425	Héctor Daniel Adame Ortega	1139	101

PREMIUM TEQUILA

Brand (ブランド)	Owner (所有者)
1000 Agaves SF (ミル・アガベス エセエフェ) /Santa Fe (サンタ・フェ)	Tequila Santa Fe, S.A. de C.V.
Lazy (レイジー) /Conmemorativo (コンメモラティボ) /Hornitos (オルニートス) /Tres Generaciones (トレス・ヘネラシオネス) /Sauza Blanco (サウサ・ブランコ) /Sauza Conmemorativo (サウサ・コンメモラティボ) /Sauza Extra (サウサ・エクストラ) /100 Años (ミル・アニョス) /Hacienda Sauza (アシエンダ・サウサ) /Sauza (サウサ) /La Perseverancia (ラ・ペルセベランシア) /100 Años Paloma (シエン・アニョス パロマ) /100 Años Paloma Light (シエン・アニョス パロマ・ライト) /100 Años Cola Y Limon (シエン・アニョス コラ・イ・リモン) /100 Años Cherry Chili Margarita (シエン・アニョス チェリー・チリ・マルガリータ)	Tequila Sauza, S. de R.L. de C.V.
S.O.A.H. Source of All Happiness (ソース・オブ・オール・ハッピネス)	Hannahsol LLC
Demetrio (デメトリオ)	Comercializadora Don Demetrio, S.A. de C.V.
Barronegro (バロネグロ)	Destilados Origenes, S.A. de C.V.
Pasion Secreta (パシオン・セクレタ) /R & H Collection (アール&エイチ コレクション)	Tequilera RH, S.A. de C.V.
Tesoro Chanteco (テソロ・チャンテコ)	Distribuidora Tesoro Chanteco, S.A. de C.V.
Cabo Maya (カボ・マヤ) /Mixxa (ミクサ) /Don Azul (ドン・アスル) /Toro Azteca (トロ・アステカ) /Fire Croc (ファイア・クロック) /U & I (ユー&アイ) /Don Azul Maya (ドン・アスル・マヤ) /Gayon (ガヨン) /Viva Los Sanchos (ビバ・ロス・サンチョス)	Manufacturas Internacionales K, S.A. de C.V.
Ombligo De Maguey (オンブリゴ・デ・マゲイ)	Ombligo de Maguey, S.A. de C.V.
Metl 2012 (メトル・ドスミル・ドセ) /Métl (メトル)	Jaguar Spirits Importing, Inc.
Natly (ナトリー) /Morlaco (モルラコ)	Consorcio Natly, S.A. de C.V.
Gran Tulum (グラン・トゥルム)	Tequila Gran Tulum, S.A. de C.V.
Macho Carnero (マチョ・カルネロ)	Tequila de Piedra, S.A. de C.V.
Cabestrillo (カベストリージョ) /Tacuara (タクアラ)	Industrias Roxas, S.A. de C.V.
Whisquila (ウィスキラ) /La Piñata (ラ・ピニャタ) /Oro Y Plata De Su Clase El Mejor (オロ・イ・プラタ・デ・ス・クラセ・エル・メホル) /Hacienda Santo Coyote (アシエンダ・サント・コヨーテ)	Jc Businessell, S.A. de C.V.
Manik (マニク)	Grupo Ikam, S.A. de C.V.
El Buen Bouquet (エル・ブエン・ブーケト) /Los Tres Toños (ロス・トレス・トニョス) /El Globo (エル・グロボ) /Insolente (インソレンテ) /Tierra Azul (ティエラ・アスル)	Tequila Selecto de Amatitan, S.A. de C.V.
Blue Nectar (ブルー・ネクター)	Michael Murphy Dixon
El Traidor (エル・トライドール)	El Traicionero, S.A. de C.V.
Trece Lunas (トレセ・ルナス) /Trece Lunas (トレセ・ルナス)	Hacienda Mestiza, S.A. de C.V.
Matafuegos (マタフエゴス)	Tequilera Bicentenario, S. de R.L. de C.V.
Ocelote (オセロテ)	Victor Manuel Navarro Lara
7 Leguas (シエテ・レグアス) /Siete Leguas 7 Leguas (シエテ・レグアス) /D`Antaño (ダンタニョ) /Antaño (アンタニョ)	Tequila Siete Leguas, S.A. de C.V.
Familia Camarena (ファミリア・カマレナ) /Tahona (タオナ) /Casco Viejo (カスコ・ビエホ) /La Cava De Don Agustin (ラ・カバ・デ・ドン・アグスティン) /Dos Amigos (ドス・アミーゴス) /Antiguo Origen (アンティグオ・オリヘン) /Don Agustin (ドン・アグスティン) /Azteca Azul (アステカ・アスル) /Gran Passion Suprema (グラン・パシオン・スプレマ) /Gran Maracame (グラン・マラカメ) /Maracame (マラカメ) /Camarena (カマレナ)	Tequila Supremo, S.A. de C.V.
Excellia (エクセリア)	Eurowinegate, S.A.
Tapatio (タパティオ) /Tapatio Excelencia Gran Reserva (タパティオ・エクセレンシア・グラン・レセルバ)	Tequila Tapatio, S.A. de C.V.
El Tesoro De Don Felipe (エル・テソロ・デ・ドン・フェリペ)	Jim Beam Brands Co.

VI 正規輸入会社とメキシコ国内瓶詰めブランド

	Company / Address (製造元／所在地)	Representative (代表者)	NOM	DOT
122	**Tequila Tres Mujeres, S.A. de C.V.** Km. 39 Carretera Guadalajara - NogalesS/N Col.Obrera C.P.45380. Amatitan, Jalisco Tel:013747480506	J. Jesus Partida Melendrez	1466	192
123	**Tequila Zapotlán del Rey, S.A. de C.V.** Autopista México Guadalajarakm 442 424 Col.Zapotlán del Rey Sc C.P.45980. Zapotlan del Rey, Jalisco Tel:3336768100	Miguel Gutiérrez Cerda	1571	290
124	**Tequilas del Señor, S.A. de C.V.** Rio Tuito 1193 Col.Atlas C.P.44870. Guadalajara, Jalisco Tel:50005200	Manuel Garcia Villegas	1124	97
125	**Tequilas Garcia, S.A. de C.V.** Hidalgo20 Col.Centro C.P.47180. Arandas, Jalisco Tel:013487848762	Carlos Garcia Camarena	1536	255

PREMIUM TEQUILA

Brand (ブランド)	Owner (所有者)
Casa Ambar (カーサ・アンバル)	Isis Elizabeth Ramirez Gaytan
Savia De Jalisco (サビア・デ・ハリスコ)	Armando Octavio Guerrero Valencia
Amor Mio (アモル・ミオ)	Alberto Partida Plascencia
3 R (トレス・エレ)	Pedro Gallegos Flores
Casta De Reyes (カスタ・デ・レイエス)	Julio Reyes Herrera
Reserva Del Capy (レセルバ・デル・カピイ)	Caphec, S.A. de C.V
Teky Ladys (テキー・レディース) **/Punta Serena** (プンタ・セレナ) **/Blue Bay** (ブルー・ベイ) **/Tres Mujeres** (トレス・ムヘレス) **/Las Potrancas** (ラス・ポトランカス) **/Misionero** (ミシオネロ) **/Afamado** (アファマド) **/Pintoresco** (ピントレスコ) **/Saraluz** (サラルス)	Tequila Tres Mujeres, S.A. de C.V.
Antojo Especial (アントホ・エスペシアル)	Productores de Agave de Penjamo, S.P.R. de R.L.
Rebozo (レボソ)	Eduardo Lopez Gutierrez
Evaga (エバガ)	Gerardo Pozos Rodriguez
El Triunfo De Jalisco (エル・トリウンフォ・デ・ハリスコ)	Miguel Angel Landeros Volquarts
Abandonado (アバンドナド)	Productos Destilados de Mexico, S.A. de C.V.
Tierra Del Sol (ティエラ・デル・ソル)	Interlogix, S.A. de C.V. y Logsom Empresarial, S.A. de C.V.
A Mi Manera (ア・ミ・マネラ)	Pedro Partida Melendrez
Mi Tierra La Quiteria (ミ・ティエラ・ラ・キテリア)	Alejandro Landeros Huerta
Sin Rival (シン・リバル) **/Corazon Azul** (コラソン・アスル)	Rodolfo Gonzalez Meza
Cocollan (ココジャン) **/Cocula** (コクラ)	Jose Daniel Medrano Gomez
Meloza (メロサ)	Transworld Alliance, LLC
El Arco (エル・アルコ)	Arco del Cabo Distributing, Inc.
Casino Azul (カシノ・アスル)	Usa Wine & Spirits, Inc.
Mis Amigos (ミス・アミーゴス)	Ece Importing Company LLC
Quinta Maria Jose (キンタ・マリア・ホセ)	Jaime Pozos Jimenez
Arco Del Cabo (アルコ・デル・カボ)	Clorinda Josefina Cota Castillo
Voodoo Tiki Desert Rose (ブードゥー・ティキ デザート・ローズ) **/Voodoo Tiki Blue Dragon** (ブードゥー・ティキ ブルー・ドラゴン)	Tiki Tequila of America
Casa Merlos (カーサ・メルロス)	Lucila Molina Solorzano
Ejidal (エヒダール)	Mario Gómez Vázquez
Primogénito (プリモヘニト)	Enrique Priego Ahumada
Dos Artes (ドス・アルテス)	Alvaro Molina
Hacienda Del Rey (アシエンダ・デル・レイ)	Tequila Zapotlán del Rey, S.A. de C.V.
Los Pilones (ロス・ピロネス) **/Sombrero Real** (ソンブレロ・レアル) **/Oro Viejo** (オロ・ビエホ) **/Diligencias** (ディリヘンシアス) **/Gecko** (ゲッコ) **/Garcia** (ガルシア) **/Rio De Plata** (リオ・デ・プラタ) **/Herencia Historico 27 De Mayo** (エレンシア・イストリコ・ベインティシエテ・デ・マヨ) **/Jose Gaspar** (ホセ・ガスパール) **/Tekali** (テカリ) **/Herencia Del Señor** (エレンシア・デル・セニョール) **/Sombrero** (ソンブレロ) **/El Alamo 1826** (エル・アラモ・ミル・オチョシエントス・ベインティセイス) **/Herencia** (エレンシア) **/Ole** (オレー) **/Historico 27 De Mayo** (イストリコ・ベインティシエテ・デ・マヨ) **/Huerta Vieja** (フエルタ・ビエハ) **/Quito** (キト) **/Viva Mi Tierra** (ビバ・ミ・ティエラ) **/Tierra Viva** (ティエラ・ビバ) **/Sombrero Negro** (ソンブレロ・ネグロ) **/Reserva Del Señor** (レセルバ・デル・セニョール) **/Herencia De Plata** (エレンシア・デ・プラタ)	Tequilas del Señor, S.A. de C.V.
Hacienda De Xalpa (アシエンダ・デ・サルパ) **/Don Diego Santa** (ドン・ディエゴ・サンタ)	Proalti, S.A. de C.V.
Casamagna (カサマグナ)	Inmobiliaria VAliant, S.A. de C.V.
Dos Lunas (ドス・ルナス)	Dos Lunas Spirits LLC.
Los 3 Garcias De Arandas (ロス・トレス・ガルシアス・デ・アランダス) **/3G** (トレス・ヘー) **/Don Margarito** (ドン・マルガリト)	Tequilas Garcia, S.A. de C.V.

VI 正規輸入会社とメキシコ国内瓶詰めブランド

	Company / Address (製造元／所在地)	Representative (代表者)	NOM	DOT
126	**Tequilas Gonzalez Lara, S.A. de C.V.** Lazaro Cardenas481 Col.Sin Colonia C.P.45350. El Arenal, Jalisco Tel:013747480912	Joaquín Gonzalez Gonzalez	1560	278
127	**Tequileña, S.A. de C.V.** Ramon Corona155 Col.Centro C.P.46400. Tequila, Jalisco Tel:013747420054	Enrique Fonseca Cerda	1146	102
128	**Tequilera Casa Real Gusto, S.A. de C.V.** Las LomitasS/N Col.Centro C.P.49370. Amacueca, Jalisco Tel:0443331701374	Luis Arturo Gonzalez Martinez	1575	296
129	**Tequilera Corralejo, S.A. de C.V.** Ejercito Nacional 373 Desp. 202-A Col.Granada C.P.11520. Miguel Hidalgo, Distrito Federal Tel:015558770203	Alfredo Ortega Olearte	1368	127
130	**Tequilera de La Barranca de Amatitan, S.A. de C.V.** Av. Enrique Diaz de Leon 280 A-3 Col.El Refugio C.P.44100. Guadalajara, Jalisco Tel:38543958	Ana Rosa Carrillo Ramos	1473	190
131	**Tequilera Don Roberto, S.A. de C.V.** Carretera Internacional 100 Ote. Col.S/C C.P.46400. Tequila, Jalisco Tel:013747422321	Abelardo Orendain Aguirre	1437	160
132	**Tequilera El Triangulo, S.A. de C.V.** Miguel Angel16 Col.Real Vallarta C.P.45020. Zapopan, Jalisco Tel:013414135518	Ignacio Corona Orozco	1501	217
133	**Tequilera Fonseca, S.A. de C.V.** Calle Tres62-F Col.Loma Bonita Residencial C.P.45087. Zapopan, Jalisco Tel:36543296	Ernesto Rafael Fonseca López	1568	293
134	**Tequilera Gonzalez, S.A.** Km. 7 Carretera Atemajac de BrizuelaS/N Col.Barranca de Santa Clara C.P.45755. Zacoalco de Torres, Jalisco Tel:013264348040	Adrian Gonzalez Ramirez	1532	261
135	**Tequilera La Gonzaleña, S.A. de C.V.** Km. 1 Camino A Santa FeS/N Col.Industrial C.P.89700. Gonzalez, Tamaulipas Tel:018362731336	Luis Ernesto Margain Sainz	1127	110

PREMIUM TEQUILA

Brand (ブランド)	Owner (所有者)
Casa Verde (カーサ・ベルデ) /**Marengo** (マレンゴ) /**Casa Chica** (カーサ・チカ)	Tequilas Gonzalez Lara, S.A. de C.V.
Realeza Mexicana (レアレサ・メヒカーナ)	Maria del Carmen Alejandra Sauza Camarena
Atlas (アトラス) /**Corazon Maya** (コラソン・マヤ)	Benjamin Villalobos Jimenez
Aragonéz (アラゴネス)	Cecilio Aragon Axomulco
Asombroso (アソンブロソ)	California Tequila LLC.
Gran Reserva Pura Sangre (グラン・レセルバ・プラ・サングレ) /**Cimarron** (シマロン) /**Conde De Arandas** (コンデ・デ・アランダス) /**Tres, Cuatro Y Cinco, 3,4 Y 5** (トレス・クアトロ・イ・シンコ) /**Zapata** (サパタ) /**Viva Zapata** (ビバ・サパタ) /**Don Fulano** (ドン・フラノ) /**Lapis** (ラピス) /**Xalixco** (ハリスコ) /**Pura Sangre** (プーラ・サングレ) /**Compadre** (コンパドレ) /**Lapiz** (ラピス)	Tequileña, S.A. de C.V.
Palo Dulce (パロ・ドゥルセ)	Salvador Ramos Rodriguez
Artenom Selección de 1146 (アルテノム・セレクシオン・デ・ミル・シエント・クアレンタ・イ・セイス)	Las Joyas del Agave, S.A. de C.V.
T1 (テー・ウノ)	German Gonzalez Gorrochotegui
Real Gusto (レアル・グスト) /**Sello Real** (セジョ・レアル)	Tequilera Casa Real Gusto, S.A. de C.V.
Corralejo (コラレホ) /**Los Arango** (ロス・アランゴ) /**Corralejo 99000 Horas** (コラレホ・ノベンタ・イ・ヌエベ・ミル・オラス) /**Gran Corralejo** (グラン・コラレホ) /**Caballero Aguila** (カバジェロ・アギラ) /**El Diezmo** (エル・ディエスモ) /**Quitapenas** (キタペナス)	Leonardo Rodriguez Moreno
Quetzalcoatl Toltech (ケツアルコアトル・トルテチ)	Tequilera Corralejo, S.A. de C.V.
El Viejo Bar (エル・ビエホ・バル)	Juan Jose Torres Barba
Don Fernando T.K.O. (ドン・フェルナンド・ティー・ケー・オー) /**Batallon** (バタジョン) /**Mi Tierra** (ミ・ティエラ) /**Gran Batallon** (グラン・バタジョン) /**Pancho Bravo** (パンチョ・ブラボ)	Tequilera de La Barranca de Amatitan, S.A. de C.V.
Don Fernando (ドン・フェルナンド) /**F Don Fernando** (エフェ・ドン・フェルナンド)	Carlos Carillo Ramos
Corazon De Amores (コラソン・デ・アモレス)	Tequilas Selectos de Jalisco, S.A. de C.V.
Virreyes (ビレジェス) /**La Arenita** (ラ・アレニタ) /**Virreyes** (ビレジェス) /**Don Roberto** (ドン・ロベルト)	Tequilera Don Roberto, S.A. de C.V.
Antiguo Tequilero (アンティグオ・テキレロ) /**El Abajeño** (エル・アバヘニョ)	Destileria Don Roberto, S.A. de C.V.
88 Eighty Eight (エイティー・エイト)	88 Spirits Corporation
Tanteo (タンテオ)	Tanteo Spirits, LLC.
Don Saul (ドン・サウル)	Rubio Enterprises, LLC
Huizache (ウイサチェ)	La Tizona, S.A. de C.V.
Tequilador (テキーラドール)	Alebrije W&S, S.A. de C.V.
Pedro Infante (ペドロ・インファンテ)	Importadora y Distribuidora Ucero, S.A. de C.V.
Señor Frog´s (セニョール・フロッグス)	RG Invesment LLC.
Ardiente Pasion (アルディエンテ・パシオン) /**Amatitlan** (アマティトラン) /**Penacho Azteca** (ペナチョ・アステカ) /**Alma Azteca** (アルマ・アステカ)	Tequilera El Triangulo, S.A. de C.V.
El Ejemplo (エル・エヘンプロ)	Tequilera Fonseca, S.A. de C.V.
Los Ramiros (ロス・ラミロス)	Los Ramiros
Chinaco (チナコ) /**Caliente** (カリエンテ) /**Don Paco** (ドン・パコ)	Tequilera La Gonzaleña, S.A. de C.V.

VI 正規輸入会社とメキシコ国内瓶詰めブランド

	Company / Address (製造元／所在地)	Representative (代表者)	NOM	DOT
136	**Tequilera La Lupita, S.A. de C.V.** Prol. Sebastian Allende1001 Col.Rancho La Ocalera C.P.45350. El Arenal, Jalisco Tel:0443331591273	Jose Maria Isaac Rosales Torres	1537	249
137	**Tequilera La Noria, S.A. de C.V.** Km. 5 Carretera Tala-EtzatlanS/N Col.El Refugio C.P.45310. Tala, Jalisco Tel:013847380691	Mariano Landeros Alvarado	1494	209
138	**Tequilera La Perla, S.A. de C.V.** Roberto Ruiz Rosales20 Col.La Tejonera C.P.45350. El Arenal, Jalisco Tel:013747481333	Cruz Martín Cardona Ramírez	1498	213
139	**Tequilera La Primavera, S.A. de C.V.** Tabasco 36 Col.Centro C.P.46400. Tequila, Jalisco Tel:013747420212	Martha Alicia Alvarez Tostado Galvan	1458	176
140	**Tequilera Las Juntas, S.A. de C.V.** Camino A La Barranca del Tecoane 11 Col.Amatitan C.P.45380. Amatitan, Jalisco Tel:013747451050	Josue Saul Perez Ocampo	1500	216
141	**Tequilera Milagro, S.A. de C.V.** Paseo de Tamarindos90 Torre1 Piso 3 Col.Bosques de Las Lomas C.P.05120. Cuajimalpa de Morelos, Distrito Federal Tel:01555 292 4626	Luis Eduardo Miranda López	1559	276
142	**Tequilera Simbolo, S.A. de C.V.** Rancho Santa LuciaS/N Col.S/C C.P.47760. Atotonilco El Alto, Jalisco Tel:013919317820	Pedro Hernandez Barba	1530	244
143	**Tierra de Agaves, S. de R.L. de C.V.** Km. 52.5 Carretera Guadalajara - NogalesS/N Col.Centro C.P.46400. Tequila, Jalisco Tel:013747422591	Francisco Quijano Legorreta	1513	229
144	**Union de Productores de Agave, S.A. de C.V.** Melchor Ocampo18 B Col.Centro C.P.46400. Tequila, Jalisco Tel:013747421600	Juan Antonio Alvarez Rodriguez	1445	158
145	**Vinos y Licores Azteca, S.A. de C.V.** Rinconada del Geranio3544 1a Col.Rinconada de Santa Rita C.P.45120. Zapopan, Jalisco Tel:10576440	Carmen Lucia Barajas Cardenas	1533	246

PREMIUM TEQUILA

Brand (ブランド)	Owner (所有者)
El Capiro (エル・カピロ) /**El Trigueño** (エル・トリゲーニョ)	Tequilera La Lupita, S.A. de C.V.
Oro De Jalisco (オロ・デ・ハリスコ)	Tequilera La Noria, S.A. de C.V.
Violeta (ビオレタ)	Tequila Violeta Inc., S. de R.L. de C.V.
De La Peña Agave (デ・ラ・ベニャ・アガベ) /**La Gran Maravilla Azul** (ラ・グラン・マラビジャ・アスル) /**7 + 7** (シエテ・マス・シエテ) /**Hacienda De Los Gil** (アシエンダ・デ・ロス・ヒル)	Tequilera La Perla, S.A. de C.V.
La Cava Del Jefe (ラ・カバ・デル・ヘフェ)	Ma. Luisa Tamallo Muñiz y J. Jesus Suazo García
Creencias (クレエンシアス)	Jose Antonio Plascencia Hernandez
Trocadero (トロカデロ)	Tequilera La Primavera, S.A. de C.V.
Dos Oros (ドス・オロス)	El Aguila Sucesores, S.A. de C.V.
Hacienda Ontiveros (アシエンダ・オンティベロス)	Gran Imperio Ontiveros, S. de R.L. de C.V.
Trianon (トリアノン)	Trianon Spirits de Mexico, S.A. de C.V.
Del Museo (デル・ムセオ) /**Herencia De Jaripo** (エレンシア・デ・ハリポ) /**Amanecer Ranchero** (アマネセル・ランチェーロ) /**Villa Tecoane** (ビジャ・テコアネ)	Tequilera Las Juntas, S.A. de C.V.
Blue Head (ブルーヘッド)	Blue Head Tequila LLC.
Romance (ロマンセ) /**De Batalla** (デ・バタジャ) /**Leyenda Del Milagro** (レイエンダ・デル・ミラグロ)	Tequilera Milagro, S.A. de C.V.
Hora Zero Reserva (オラ・セロ・レセルバ)	Antartico Comercializadora, S.A. de C.V.
Escorpion Negro (エスコルピオン・ネグロ)	Escorpion Negro Corporation
The Spirit of Don Manuel (ザ・スピリット・オブ・ドン・マヌエル)	Century Wholesalers, Inc.
17.02.09 (17.02.09)	Victor Manuel Basurto Quijada
Terzo (テルソ) /**A Media Luz** (ア・メディア・ルス)	Tequilera Simbolo, S.A. de C.V.
Alacrán (アラクラン)	Centruro, S.A. de C.V.
Lunazul (ルナスル) /**Barrica Antigua** (バリカ・アンティグア)	Tierra de Agaves, S. de R.L. de C.V.
Hacienda Mexicana El Llano (アシエンダ・メヒカナ・エル・ジャノ)	Grupo Tequilero El Llano, S.A. de C.V.
Tributo A Mi Padre (トリブート・ア・ミ・パドレ)	Corporacion Tributo, S.A. de C.V.
El Labrador (エル・ラブラドール) /**La Alborada** (ラ・アルボラダ) /**El Gran Jubileo** (エル・グラン・フビレオ) /**Provocacion** (プロボカシオン)	Union de Productores de Agave, S.A. de C.V.
El Riachuelo (エル・リアチュエロ)	Asociacion Productora de Agave y Sus Derlvados, S. de P.R. de R.L.
Purpura (プルプラ)	Claudia Martinez González
Agave Rey (アガベ・レイ)	Adrian Gonzalez Tapia
Jalarte (ハラルテ)	Ricardo Barajas Cardenas
Sino S (シノ・エセ)	Marc Derek Mueller
El Conde Azul (エル・コンデ・アスル) /**Raza Azteca** (ラサ・アステカ) /**Blacky** (ブラッキー) /**Agave Botanica** (アガベ・ボタニカ) /**Toro Azul** (トロ・アスル) /**Tas Tequila Espectacular** (タス・テキーラ・エスペクタクラール) /**Sinverguenza** (シンベルゲンサ)	Vinos y Licores Azteca, S.A. de C.V.

231

BRAND INDEX

ア

AGV400	AGV400	78・215
アギラ・アステカ	AGUILA AZTECA	28・207
アスコナ・アスル	AZCONA AZUL	26・207
アハ・トロ	AHA TORO	94・211
アファマド	AFAMADO	38・227
アマテ	Amate	32・203
アマネセル・ランチェーロ	Amanecer Ranchero	56・231
アモルシート	AMORCITO	66・229
アラクラン	ALACRÁN	30・231
エヒダール	Ejidal	40・227
エラドゥーラ	HERRADURA	44・195
エル・フォゴネロ	El Fogonero	50・219
エル・ジマドール	el Jimador	46・195
エル・テソロ	El Tesoro de Don Felipe	80・225
エル・テソロ 70周年	El Tesoro 70th Aniversario	83
エル・テソロ パラディゾ	El Tesoro Pradiso	82
エレンシア・イストリコ "27 デ マヨ"	HERENCIA HISTORICO "27 DE MAYO"	75・227
エレンシア・デ・プラタ	Herencia de Plata	74・227
エンバハドール	EMBAJADOR	102・221
オレンダイン・オリータス	Orendain OLLITAS	34・223

カ

カサドレス	CAZADORES	106・195
クアトロ・コパス	4copas	70・197
グラン・ドベホ	Gran Dovejo	90・209
グランパトロン プラチナ	GRAN PATRÓN PLATINUM	105・217

サ

1800	1800	24・195
スーパー・ティー	SUPER T	86・207

タ

タパティオ	TAPATIO	84・225
チャムコス	CHAMUCOS	72・217
チリ・カリエンテ	Chile Caliente	96・211
デル・ムセオ	DEL MUSEO	58・231
トレス・ムヘレス	Tres Mujeres	42・227
ドン・フェルナンド	Don Fernando	60・229
ドン・フェルナンド ノックアウト TKO オリジナル	Don Fernando TKO	62・229
ドン・フェルナンド ブルーラベル	Don Fernando Blue Label	63
ドン・フリオ	Don Julio	98・221
ドン・フリオ 1942	Don Julio 1942	100・221
ドン・フリオ レアル	Don Julio REAL	101・221

ハ

パトロン	PATRÓN	104・217
ビジャ・テコアネ	Villa Tecoane	54・231
プエブリート	PUEBLITO	92・219

マ

ミ・ティエラ	mi Tierra	68・229

ラ

ラ・カバ・デル・マヨラル	LA CAVA DEL MAYORAL	88・207
ラ・クアルタ・ヘネラシオン	La Cuarta Generacion	52・213
ラ・コフラディア	LA COFRADIA	36・215
ランチョ・ラ・ホヤ	RANCHO LA JOYA	108・203
レセルバ・デル・セニョール	Reserva del SEÑOR	76・227

≪参考文献・ホームページ≫

Guía del Tequila（Segunda edición）.
Maria Luisa Cárdenas, Salvador Encarnación, María Pilar Gutiérrez Lorenzo, Juana Lomelí Tapuach, Margarita de Orellana. Editorial Artes de Mexico (http://artesdemexico.com). (2007)

Tequila, forging its own history.
The Appelation of Origin and its regulatory Council, by Consejo regulador del tequila.
Impre-Jal SA de CV 出版, second edition. (Oct.2010)

The Tequila 1000（Bartender Magazine） by Ray Foley（Mar 1, 2008）

「TEQUILA!」NEGOCIOS vol. III -2009（p.24-31）
メキシコ大使館商務部PROMEXICO, 制作：アナ・イサベル・エンリケス

"Mezcal, our essence", Consejo Mexicano de Productores de Maguey, First Edition 2009,
published by Ambar Diseno. S.C.

"Mayahuel, la diosa pulquera" la jornada en la ciencia
http://ciencias.jornada.com.mx/ciencias/investigacion/ciencias-quimicas-y-de-la-vida/investigacion/mayahuel-la-diosa-pulquera

Academia Mexicana de Catadores de Tequila, Vino y Mezcal, A.C.
http://www.academiadeltequila.com.mx/home.html

TequilA-Z.com, Todos los tequilas de Mexico de la A a la Z http://www.tequila-z.com/

酒販ニュース　http://www.jsnews.co.jp

株式会社武蔵屋　http://www.musashiya-net.co.jp/

テキーラライフ.com　http://tequila-life.co/tequilaclub/link.html

<SPECIAL THANKS>

娘へ

テキーラや国際貿易の仕事をはじめてから、日本での私のミッションがやっと明確になったように感じる。日墨の交流を深め、私にできる限り、メキシコという国とその文化の良さを日本に紹介し、そして、メキシコに対しても日本の良さを伝えること。生まれることによって、実際に日本とメキシコをつないでくれた娘に特別なお礼を言いたい。彼女のため、生きる世界に自分の足跡を残したい。

この本を完成させることができたのは、いろいろな方々のご協力があってこそですが、原稿の大部分をプロとして翻訳に協力していただいた松浦芳枝さんへ特別にお礼を言いたい。松浦さんなしでは、限られた時間に必要とされていた言語のレベルにはいたらなかったでしょう。

"ドンフェルナンド"をはじめ、プレミアム・グルメ・ビール"ティファナ"など厳選したすばらしい商品をメキシコから輸入し販売している日本食品流通(株)の関根社長、彼のご協力にとても感謝している。

出版社のプロとしてはもちろん、テキーラソムリエでもあり、心からテキーラの良さを知っている山口由起子さんの協力なしでは、このレベルまでに完成されなかったでしょう。心より感謝している。

私の友人およびビジネスパートナーである、リーフ・モートンソンにお礼を言いたい。彼の力なしでは、私はテキーラの輸入ビジネスを簡単にはじめられなかったでしょう。いろいろな面でご協力いただいて、心より感謝している。ならびに、会社で一所懸命協力してくれる小林由枝さんにもお礼を伝えたい。

最後に、私に娘という宝物を与えて、育ててくれて、そして、いろいろな難関をともに乗り越えてきた妻にも心よりお礼を申し上げたい。

料理制作	Cecilia Estrada（Yokoyama）
カクテル制作	景田 哲夫（Mayahuel ～ Premium Tequila & Mezcal ～）
モデル	Keiko Angeluz Gomez
撮影	Marco Domínguez 新堀 晶（駒草出版）
機材協力	エンゼルスタジオ　青木 一太
写真素材協力	輸入会社各位（P.188 ～ 191） メキシコ政府観光局　Consejo de Promoción Turística de México Armando Santoscoy Asociación Nacional de Charros A.C. http://www.asociacionnacionaldecharros.com/blog/ Mariachi Nacional de México Partituras Todo Mariachi
撮影協力	Mexican Selectshop Frida 〒150-0034 東京都渋谷区代官山町11-12 日進ヒルズ代官山1-A TEL：03-6427-8416　FAX：03-6427-8073　営業時間12:00 ～ 20:00　水曜定休 http://www.frida-japan.com/
協力	日本食品流通株式会社　JAPAN FOOD DISTRIBUTION 〒221-0052 横浜市神奈川区栄町10-35 ポートサイドダイヤビル402 TEL：045-534-9796　FAX：045-450-5075 http://www.lovetastenet.com/

（敬称略）

マルコ・ドミンゲス
MARCO DOMÍNGUEZ

デ・アガベ株式会社 代表取締役

1991年に文部省の国費留学生として来日し、東京農工大学の工学部電子情報工学科を卒業。10年間外資系企業に勤め、日本顧客と外国メーカーの橋渡し役を果たす。2009年6月に、プレミアムテキーラ＆メスカルの専門商社、デ・アガベ株式会社を創立。以来、150回以上のセミナーやイベントを通じて、メキシコの飲み物の代表であるテキーラの奥深さおよびメキシコ文化の認知度を日本全国に広めるように努めている。

＊　＊　＊

訳　者：松浦 芳枝

1955年神奈川県生まれ。上智大学大学院（国際学修士）、メキシコ国立自治大学大学院留学。駐日メキシコ大使館勤務を経て、東京大学兼任講師、スペイン語通訳、スペイン語・英語・イタリア語翻訳家。在住の横須賀市の公認スペイン語サークル「ラ・カサブランカ」の指導にも関わり、地域社会と世界とのインターフェースとして活躍中。

プレミアムテキーラ
PREMIUM TEQUILA

2012年9月20日　初版発行
2018年9月25日　2刷発行

著　者　マルコ・ドミンゲス

発行者　井上 弘治

発行所　**駒草出版** 株式会社ダンク 出版事業部

〒110-0016
東京都台東区台東 1-7-1　邦洋秋葉原ビル 2F
TEL　03-3834-9087
FAX　03-3834-4508
http://www.komakusa-pub.jp/

［ブックデザイン］　荻原 正行（株式会社ダンク）
　　　　　　　　　高岡 直子
印刷・製本　シナノ印刷株式会社

落丁・乱丁本はお取り替えいたします。　定価はカバーに表示してあります。
©MARCO DOMÍNGUEZ 2012, Printed in Japan
ISBN 978-4-905447-10-8